漫畫版

3小時讀通
幾何

日本數學協會　岡部恒治、本丸諒◎著

雲譯翻譯工作室◎譯

能用畫圖表示＝真正理解
——序——

　　大學時期，我（岡部）的指導教授田村一郎老師，每當遇到學生無法充分理解，或感覺似懂非懂的問題時，總會說「現在我們把遇到的問題，用畫圖來表示看看吧」。

　　雖然老師這麼說，但我在當時的研究小組裡所遇到的問題，都是超過四次元空間，即使可以理解題目的意義，也難以輕易在二次元的紙或黑板上呈現出來。

　　但是我認為，**透過「以畫圖表示」的方式，將複雜的內容具體化，學習者就可以藉此學會「將問題簡化」的能力。**

　　回溯數學的歷史，一般認為，數學是起源於算數與圖形的分析，因為這樣的緣故，「數學＝幾何學（或哲學）」的觀念，普遍存在於數學具有突破性發展的古希臘時代。

　　歐幾里得（西元前300年左右）統合了所有關於幾何的研究討論，寫成論著《歐幾里得幾何原本》。

十七世紀初期，利瑪竇與徐光啟在中國翻譯此書，將《歐幾里得幾何原本》定名為《幾何原本》，《幾何原本》因此成為幾何學的濫觴，長久以來一直是世界數學教育的主流。幾何學對於科學具有很重要的支持作用。

但實際上，《幾何原本》中所寫的不僅只有幾何，其中還有三成以上是屬於現代的數論或方程式。

例如，質數有無限多個，$\sqrt{2}$ 是無理數的證明，以及求取最大公因數的輾轉相除法，是大家都曾聽說過的著名理論。

在《幾何原本》中，就已出現將數以線段的方式來表現。在畢達哥拉斯定理中，以 a 代表邊長，則正方形面積為 a^2，這種「以幾何方式處理」的概念，則一貫應用到現在。

這些概念之所以能持續累積至今，正在於「**以畫圖表示＝理解**」的形式，將幾何與解題連結在一起。

高斯曾說過：「數論是數學的皇后」，若他的說法為真，那麼**幾何便是數學的國王**。只要能善用幾何，便能從基礎開始，輕鬆了解數學。

這本書是為了讓大家都能品嘗幾何解題的樂趣而書寫的作品，幾何的圖形特質，以漫畫形式來表現，我認為更是妙趣橫生。

文章的最後，感謝宮島麻衣女士為我們繪製了妙趣橫生的漫畫，長谷川愛美女士為我們設計版面，並在此向推薦我們執筆，科學書籍編輯部益田賢治先生與石井顯一先生，致上誠摯的謝意。

岡部恒治

本丸諒

老師
看起來總是在恍神，其實對數學具有深刻的熱情。喜歡吃豬排丼飯。

小結
特技是與外表完全不符的吐槽風格。喜歡的科目是數學和理化。蝴蝶結一定要粉紅色的。

小岳
臭屁又愛裝大人的中學一年級學生。對算術或數學完全不在行，興趣是收集名人的簽名。

CONTENTS

CONTENTS

第 1 章

幾何學入門

1-1 幾何是從哪裡來的？
意義為何？

「幾何？雖然我完全不懂微積分，但幾何都跟圖形有關，所以我還蠻喜歡的。」令人意外地，喜歡幾何的人似乎不少。在國中時期的數學，只要加一條輔助線，就能痛快解開幾何問題，具有吸引人的魅力。

但是，在討論幾何之前，你不覺得「幾何」是個很怪的名詞嗎？為什麼會出現這種名詞呢？

回溯歷史，古埃及地區常有尼羅河氾濫的問題，就如「埃及是尼羅河的贈禮」這句話所說，尼羅河的定期氾濫，促成了埃及地區在天文學等方面的發展。

除了天文學，埃及的數學，尤其是幾何學，也有蓬勃的發展。尼羅河的氾濫，使得土地規劃運用常常必須重來，所以人們必須重新測量土地。「土地測量」在古希臘語（土地 $\gamma\eta$、測量 $\mu\varepsilon\tau\rho\varepsilon\omega$）中，叫做geo（土地）metry（測量），一般認為，geo的發音到中國變成「幾何」，而「幾何」這個詞傳到日本，就變成「きか」（KIKA）這樣的發音了。

源於土地測量的幾何學，是在求取三角形、四邊形、圓或四角錐（金字塔）等圖形的面積或體積，在探究的過程中，慢慢連結起來的學問。

幾何學的進一步應用，包括橡膠幾何（拓撲學），以蕨類植物的葉脈或河川的分布為對象的碎形幾何學，敘述宇宙形狀的龐加萊猜想等，可見幾何果然是「最先端的數學」啊。

幾何源於「土地測量」

《幾何原本》的「點」、「線」、「面」

歐幾里得是西元前300年時期的數學家，他將在希臘時代所有數學的討論成果，都統整歸納成《幾何原本》一書。

在《幾何原本》中，先列舉出嚴密的「定義」，再舉出不須證明的公認「公理（公設）」，並詳細介紹近500個經定義與公理驗證過的「定理」，這樣的步驟非常科學。

在《幾何原本》中，歐幾里得對於「幾何起點」的「點」、「線」、「面」，作出了不同於人們日常生活中所感受到的定義。

首先來說「點」。

若我們以鉛筆記下一點，無論多小的點，都佔有空間，但歐幾里得卻定義「點既無寬度亦無長度（當然更無面積）」。

接著，如果我們畫「線」，無論畫得多細，線必然佔有寬度，但書中定義「線並無寬度」。

「面」也是。觀察一張紙，雖然紙的厚度難以覺察，但厚度其實是存在的。以本書為例，100張紙（200頁）約為一公分的厚度。但歐幾里得卻定義「面並無厚度」。

幾何學可以運用於土地測量，感覺起來與日常生活相關，具有實際作用，但歐幾里得屏除模稜兩可的感覺，而以嚴密的定義、公理，以及推導出的眾多定理，建構起現代數學的基礎。

「幾何」從三個定義開始！

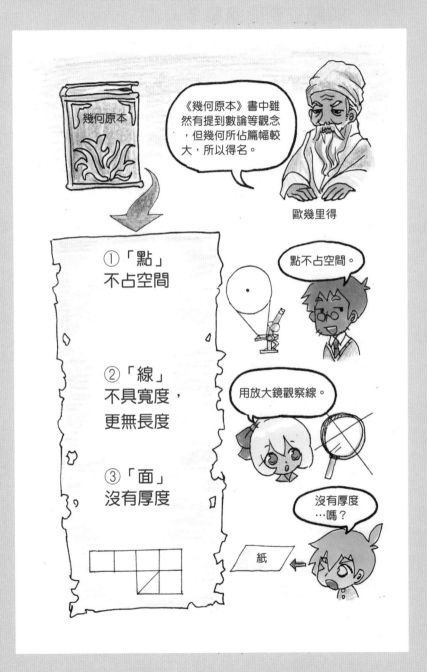

1-3 提高一個次元，解題立刻變簡單？

將「點」、「線」、「面」、「立體」以「次元」來表示，會變成「0次元」、「一次元」、「二次元」、「三次元」。近來「3D（三次元）電影」大受歡迎，為觀眾提供了嶄新的視野。

一直以來，數學家常將次元視為一種研究主題或研究工具，而究竟「將次元作為研究工具」指的是什麼意思呢？

假設在一次元「線的世界」中，有一隻螞蟻 a 正由右向左移動，而螞蟻 b 正由左向右走來，兩隻螞蟻相遇時，已無路可走。但螞蟻若是活在二次元的「平面世界」裡，問題就能解決，由於是寬廣的平面，螞蟻只要稍微往旁邊移動就行了。

對於二次元的螞蟻而言，生活的平面世界究竟是①平整的表面，②球面，③中間有空洞的甜甜圈，牠是無法知道的。但若是飛翔在三次元的蒼蠅或飛鳥，對於螞蟻生活在怎樣的空間，則可完全一目了然。

但我們不該取笑螞蟻。過去，為了「地球是平面，還是球面」這個問題，生活在地球上的人們曾經找不到答案。

由於早期人類無法從宇宙觀察地球，因此，為了瞭解宇宙的存在形態，可使用把提高次元的方法。

如此，只要提高一個次元，不僅解題立即變簡單，視野也能隨之擴張。

※地球表面（球面）視為二次元。

1-4 圓為什麼是360°？弧度又是什麼？

　　自小學起開始學習圖形，學到「直角是90°」，也學到「圓是360°」，但是，這些角度既然都是人類自行決定的，為何不選擇100°這種好記的數字？這樣不是比較方便嗎？

　　事實上，360這個數字，是一個有很多因數，非常方便的數字。我們可以比較一下100和360的因數：

　　100的因數：2、4、5、10⋯⋯

　　360的因數：2、3、4、5、6、8、9⋯⋯

　　相較之下，可以發現360具有壓倒性的優勢，由於因數多，像是切蛋糕時有許多不同的切法，非常方便！

　　此外，由於「一年＝365天」，或許也因為曆法的關係，因此才將圓定為360。

　　進入高中後，會學到「弧度法」（譯註：用某個特定弧度為單位，去測量一個角，應用在微積分）。明明表示角度用「°」就好了，為什麼還要用弧度法，而且幾乎沒什麼解釋就要開始運用，只是因為老師說「弧度法很方便」，在學習微積分時，用「°」處理，計算會變得很複雜，但是用弧度法則會很輕鬆。「方便」，在數學中也是一個關鍵。

　　順帶一提，日本貨幣「1美金＝360日圓」的固定匯率，雖然在第二次世界大戰之後維持了很長一段時間，但為什麼不是定為400日圓或350日圓，而定為360日圓呢？有一種說法是，二戰時最高司令官總司令部GHQ聽說「圓代表circle的意思」，就決定「一周既然是360°，那1美金就等於360日元吧」。這種說法雖然是謠傳，但究竟真相為何呢？

1-5 平行線竟然會相交⋯ 反思解題法！

前面提過，在歐幾里得的《幾何原本》中，寫下了①23個定義，②5條公理、5條公設（前提為眾人認可），③500個定理。其中②的第五條公設是「平行線的公設」，以下為其文字定義。

● 歐幾里得的第五公設（平行線公設）

同平面上一條直線和另外兩直線相交，若在某一側的兩個內角和小於兩直角，則此兩直線經無限延伸會在此一側相交。

兩直線即使兩端無限延伸也無法相交，稱為平行線。仔細閱讀上段文字，會發現和這句話「通過直線外一點P，只有一條平行線」所說的是同一件事。

在次頁下圖中，若將a、b角的直線往右無限延伸，而兩線未相交，則，

$$d+f \geq 180° \cdots\cdots ①$$

反之，若往左無限延伸而未相交，則

$$c+e \geq 180° \cdots\cdots ②$$

又，

$$c+d=180° \text{、} e+f=180° \cdots\cdots ③$$

將③代入②，則

$$(180°-d)+(180°-f) \geq 180°$$

因此，

$$d+f \geq 180° \cdots\cdots ④$$

由①與④可知，$d+f=180°$

平行線之同位角、內錯角、對頂角相等

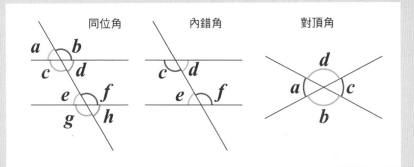

平行線公設

依據歐幾里得第五公設（平行線公設）

一直線 l 分別與二直線 m、n 相交，若同側內角和（$d+f$）小於 $180°$，當 m、n 無限延伸，會在小於 $180°$ 側相交。

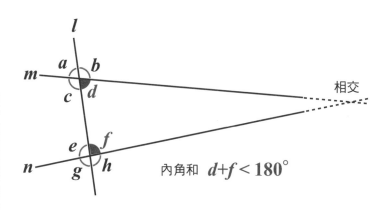

1-6 簡單證明 「內角和為180°」

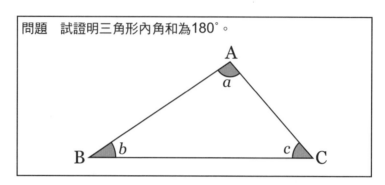

問題　試證明三角形內角和為180°。

　　請不要說「三角形內角和180°本來就是理所當然的」，請試著讓心境回到小學時代。這一題只要使用一條輔助線即可，但問題在於，輔助線「要畫在哪裡？」

　　如次頁上圖，畫出一條通過三角形ABC頂點A，並與對邊BC平行的直線XY，∠XAB與角b、∠YAC與角c，彼此互為內錯角而相等，

　　　　∠XAB＝b　　　∠YAC＝c

則，三角形內角和為

　　　　a＋b＋c＝a＋∠XAB＋∠YAC

XY為直線，必為180°，因此得知「三角形內角和＝180°」。畫一條輔助線就能證明。

　　小學則是用剪刀切割的方法。作法是將三角形切割為三塊圖形，每塊圖形各包含三個角a、b、c之一，切割下來之後，將三個頂點並排在一起即可，如次頁下圖。如此一來，雖然看起來排列成一條直線，但卻不一定是180°，也可能是179°或181°吧，是否有其他讓小學生也能懂的證明法呢？

證明三角形內角和＝180°的方法

(1) 畫輔助線

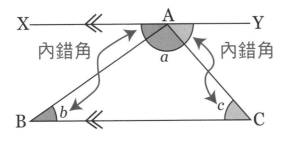

(2) 以剪刀切割

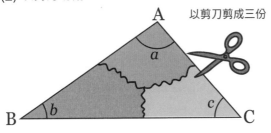

以剪刀剪成三份

哇，變成一直線了！

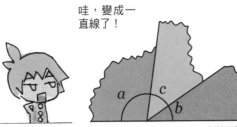

真的剛剛好180°嗎？

？真的是一直線嗎？

嗯，有疑問是一件好事喔。

1-7 轉動鉛筆 測量角度

測量三角形內角和的方法，在此想提出一個「轉動鉛筆法」，只要學會就可以馬上運用，具有魔術般的暢快感。

「轉動鉛筆法」首先是要將鉛筆依照角度來轉動，決定是往順時針或逆時針方向旋轉。

如右頁圖，將鉛筆的末端對準三角形中的一角（假設為三角形ABC中的A），讓鉛筆向左轉動∠A的大小。

接著，把鉛筆移向另一角（假設為B）。在這裡必須注意的是，並不是讓鉛筆的筆尖停在頂點B，而是與∠A時一樣，將鉛筆的末端移動到與頂點B接觸。

這時可以轉∠B的大小。雖然∠B和鉛筆在不同側，但依據「對頂角相等」，旋轉∠B的大小即可。

重複同樣步驟，將鉛筆沿著三角形的邊，移動至頂點C，將鉛筆的尾端與頂點C對好，旋轉∠C的大小。到此為止，都是往順時鐘方向旋轉。

旋轉∠C後，保持鉛筆方向，沿著三角形的邊移動到A，你會發現，雖然回到起始點，但與一開始相比，「鉛筆的方向相反」，也就是整整轉了180°。

是的，旋轉三角形各內角（∠A～∠C）的大小，等於旋轉了半個圓圈（180°）。旋轉一圈是360°，一圈半是540°。四邊形會旋轉一圈，五邊形則是旋轉一圈半喔。不妨試試看。

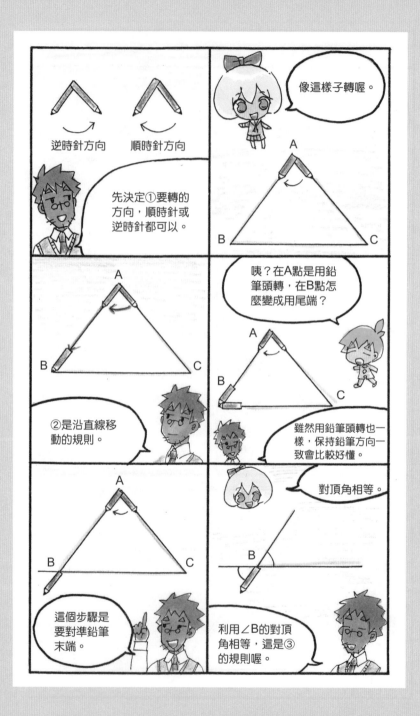

逆時針方向　　順時針方向

先決定①要轉的方向，順時針或逆時針都可以。

像這樣子轉喔。

A
B　　　　　　C

②是沿直線移動的規則。

咦？在A點是用鉛筆頭轉，在B點怎麼變成用尾端？

A
B
C

雖然用鉛筆頭轉也一樣，保持鉛筆方向一致會比較好懂。

A
B　　　　C

這個步驟是要對準鉛筆末端。

對頂角相等。

B

利用∠B的對頂角相等，這是③的規則喔。

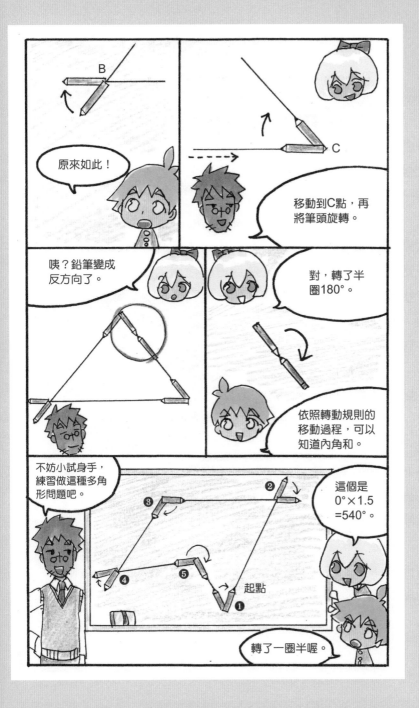

質疑歐幾里得？
「幾何學中有帝王之路」的異想！

　　亞歷山大大帝去世後，帝國被數個繼位者瓜分，其中由托勒密一世佔領現在的埃及一帶。托勒密在學術文化發展上傾注心力，招聘了許多學者，歐幾里得就是其中一人。

　　歐幾里得綜合了前古埃及、希臘的數學精華，完成《幾何原本》。《幾何原本》依照「定義→公設或公理→定理」的順序，累積人類自古所建構的幾何學，並一步步推演，其實頗為乏味。於是托勒密一世感到幾分厭煩，據說他問：「歐幾里得啊，難道了解幾何，沒有其他更容易的方法嗎？」

　　對於這個問題，歐幾裡得的回答就是歷史上著名的「幾何學中沒有帝王之路」。

　　一般認為，歐幾里得這句話是對學習者的勸誡，但是，思考「更容易的理解方法」這件事，對於有志數學者而言，是非常重要的想法。即便還不夠嚴謹，當你能夠說出「那個東西，用一句話來說，就是這樣喔」這個時候，你變得更能抓住本質。

　　因此，本書《3小時讀通幾何》可以說是為了對托勒密一世回答「幾何學中有帝王之路」而傾盡全力，讀者們以為如何？

第2章

幾何的基礎在「變形」

2-1 為什麼長方形面積是 長×寬呢？

有一個小學生，在補習班遇到了下面這個題目。

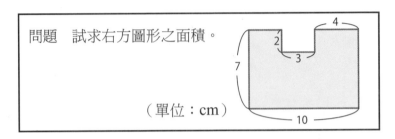

問題　試求右方圖形之面積。

（單位：cm）

由於他連面積的概念都不太清楚，遑論還要求面積，所以，這個孩子寫下了如下的算式。

面積＝7＋10＋4－2＋3＝22

雖然答案是錯的，但是，這個小學生連「面積」都不知道怎麼算，卻還是努力地絞盡腦汁，無論如何都想解出答案，我可以感受到他的努力。

長方形面積這種題目雖然簡單，但是如果沒有學過公式，就不知道該怎麼計算。如果不知道「**長1cm，寬1cm，面積為1cm^2**」，就無法計算下去。即使知道「長方形面積就是長度乘以寬度」，還是要自己獨力思考、計算。

要知道長方形的面積，就要從「最小單位面積1（正方形）」開始。如此一來，如次頁圖，可以從「共有幾個1」的方向去思考，並導出長方形圖形的面積，以「長×寬」來計算，最有效率。

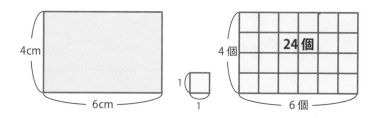

三角形因為有斜邊，所以不能以正方形的一格來直接計算，但若一個三角形是如下圖的等腰直角三角形，很容易會發現它就是「正方形的一半」。

一般的三角形，可以如最下圖分成兩個三角形，即知三角形面積是長方形面積的一半。

因此，三角形面積是 $\dfrac{底 \times 高}{2}$ 。

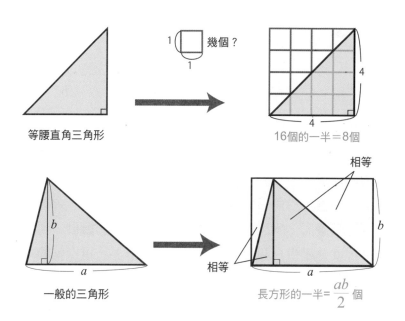

面積不變，把圖形簡化！

幾何學的醍醐味之一，就在於「簡化的思考」。

如前面談到的三角形面積，就是藉由「改變形狀」，變成了一半的四邊形。請試著用「**面積不變，圖形簡化**」的方法，來推算平行四邊形、菱形和梯形的面積吧。

首先我們來看平行四邊形，請看①。

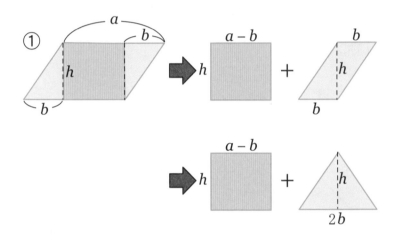

先將平行四邊形左右斜邊的部分沿直角切開，如此一來，就會變成「一個長方形＋兩個直角三角形」，接著再將兩個直角三角形合併起來。

這兩個直角三角形如果以原來的模樣直接合併，會產生另一個平行四邊形，所以先將其中一個直角三角形顛倒，再將兩者合併，就會產生一個三角形（等腰三角形），這樣就簡單多了。

最後，平行四邊形就變成「一個長方形＋一個等腰三角形」。

於是面積為，

$$(a-b)h + \frac{2b \times h}{2} = (ah - bh) + bh = ah$$

這樣就算完成。但是好像還可以更簡化，請看②。首先，只將左邊的斜邊部分切開，保持原來的模樣，平行移動到右邊。如此一來，「平行四邊形→長方形」變身成功，面積即為，

ah

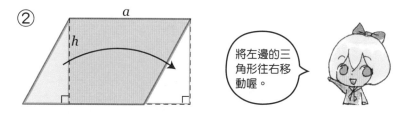

② 將左邊的三角形往右移動喔。

接著是③的菱形。菱形是平行四邊形的好朋友，四邊等長（如壓扁的正方形），對角線長度隨壓扁程度而改變。在保持四邊長度不變的情況下，壓得愈扁，面積愈小。

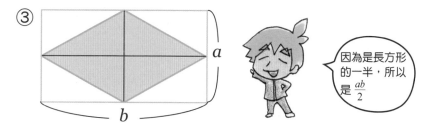

③ 因為是長方形的一半，所以是 $\frac{ab}{2}$

菱形若依上圖畫出藍色輔助線，圖形就變為長方形（菱形→長方形）。但是，由於菱形面積是長方形的一半，算出長方形面積之後，最後別忘了要除以2。

$$菱形面積 = \frac{ab}{2}$$

最後是梯形。梯形面積公式為，

$$梯形面積 = \frac{（上底+下底）×高}{2}$$

要如何改變梯形的形狀，才能求出上述的梯形面積公式呢？

請見圖④。

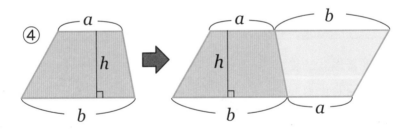

以兩個相同梯形，其中一個上下顛倒，再將這兩個梯形合併在一起，可看見產生一個平行四邊形，故「先以（底×高）算出平行四邊形面積，再除以2」。底邊的長度= $a+b$，也就是（上底＋下底）。

因此，

梯形面積＝（上底＋下底）× $\dfrac{高}{2}$

剛才是用兩個梯形為例，另外如果將梯形分成兩個三角形，也能求出梯形面積。

請見圖⑤。

⑤

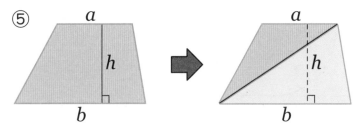

以梯形對角線為基準，分成兩個三角形，形成的三角形為兩個各以 b（下底）與 a（上底）為底邊，以 h 為高。因此，

$$\frac{bh}{2} + \frac{ah}{2} = \frac{a+b}{2}h$$

或許有人會問，「a 也算底邊嗎？」是的，雖然位置看起來在上面，但確實也可以是底邊。「底×高」意思其實類似「長×寬」。

以④、⑤任一方法都可以導出梯形面積，可選用自己喜歡的方式。

2-3 改變形狀，以簡化題目

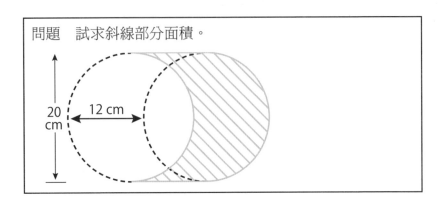

問題　試求斜線部分面積。

20 cm　12 cm

　乍看之下，感覺是個超級難題，但這其實是個「面積不變，圖形簡化」的練習。請將前面運用在梯形、平行四邊形和菱形的「面積不變，圖形簡化」的方法，在這裡嘗試看看吧。

　首先，將圓從右向左平行推動12公分，變成下方的圖形。圖中，右邊的月型成為正中間圓的一部分，而左邊多出來的部分，則正好等於原來右邊月型的面積。

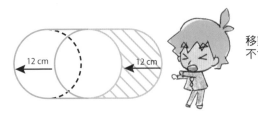

移動後，面積不會改變

12 cm　12 cm

　這麼做只是將月型從右邊移動到左邊，並沒有讓題目變簡單。

這個圖形不容易簡化的原因，是因為原始題目中，左側的圓阻礙了思考。由於左側的圓並非所求的面積，因此，不要將左側視為圓，可以當作是如下的形狀。

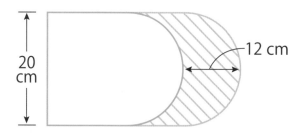

現在，我們將左側的圓修改成一部分為長方形，現在，我們將圖由右往左再推一次。

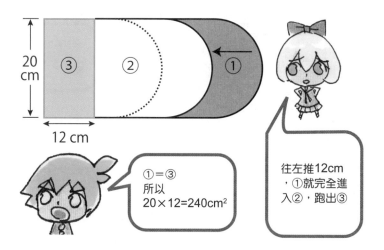

如此一來，假設右邊的月型①平移12cm，融入正中間的②，整體往左平移12cm，因此跑出一個長12cm的長方形③。

由於「月型消失，長方形出現」所以，

$$12 \times 20 = 240 \text{cm}^2$$

反過來思考就更簡單了。

最初的圖形如下，假設往右平移12cm…若此題是「求平移後多出來的面積」，因①等於②，相信任何人都能輕鬆解出答案。

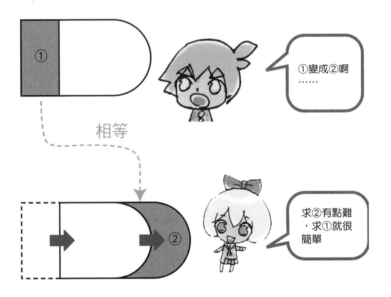

改變形狀時，一開始可能會出現無意義的變形，因此，改變形狀的方法就很重要。

以不改變面積的前提，來改變形狀，而使題目簡化，這實在是一件很有趣的事。試著挑戰下頁圖形的簡化吧！

2-4 從三角形面積導出「數列公式」

高斯是世界三大數學家之一，他從孩提時代就在算術方面展現出天才，讓大人嘖嘖稱奇。

每當談到天才高斯，下面的數學小問題一定會被當成佐證，這也是「數列」這個數學領域的開端。看了下面的解釋，相信大家對於數列複雜的計算，竟能以幾何方式明快地處理，必定大為吃驚。

問題「1～100」所有數的總和為多少？

布特納老師，也是高斯的校長，他問了上面一個問題，但高斯卻在很快的時間內，以眾人意想不到的方式求出了正確答案。

由於「1～100」有點大，我們先從「1～10」開始思考。也就是，

$1+2+3+4+5+6+7+8+9+10$

$$\begin{array}{r} 1+2+3+\cdots\cdots+8+9+10 \\ +)\ 10+9+8+\cdots\cdots+3+2+1 \\ \hline 11+11+11+\cdots\cdots+11+11+11 \end{array}$$

共10個11　　　$\dfrac{11 \times 10}{2}$

根據計算，得到答案為55。只要依序將數字相加，就可得到答案，高斯是以前頁圖中的方式來計算的。

這與高中學習的數列，是相同的思考方式。數列就是「**數的排列**」，舉例來說有：

1、2、3、4、5……自然數數列

1、3、5、7、9……奇數數列

1、4、9、16、25……n^2數列

在這裡，高斯所使用的是「自然數數列1～100」的總和求法。

毫無差錯地計算成功，就已經相當不容易（據說當時高斯班上的同學們全都計算錯誤），而且高斯快速地提出正確答案，更是令人驚訝。

這個題目就算是成人來解答，也很容易發生失誤，更別提當時高斯只是個小孩。但是，高斯卻想出了簡化、計算次數很少的精彩解題法。

將42頁高斯的計算方法，以畫圖表示，可得下圖。

仔細思考這個圖，就能明白少年時期的我是怎麼思考的

高斯

這個三角形圖表示：

$1+2+3+4+5+6+7+8+9+10$

這時可以跳轉到一個想法，如次頁最上圖，增加一個倒轉的三角形，放在原來三角形的旁邊。

這就是高斯的想法。就算看不懂算式，只要看到這兩個三角形，應該就知道這是很了不起的發想。

這兩個三角形的算法，就等於是求平行四邊形的面積。如果你不擅長處理平行四邊形，也可以把形狀簡化，變成長方形（如次頁第二圖）。由於長=11、寬=10，面積就是10×11。但是，實際上我們只要求長方形的一半，所以是

$$\frac{10 \times (10+1)}{2} = 55$$

「如果把題目變成面積來思考，○看起來有空隙」相信有人可能會這樣質疑，所以我們可以把○換成□，將空隙填滿，變成次頁第三圖，一個完整長方形便出現了。

像這樣將題目變成圖形來思考，就能直覺領會數列的意義。

高斯和布特納老師還有後續的故事。由於老師驚訝於高斯的才能，他將高斯介紹給才華洋溢的巴特爾斯，後來巴特爾斯介紹侯爵認識高斯，侯爵便決定負擔高斯所有的中學學費，後來高斯十分感念布特納老師。

增加一個相同的圖形，並顛倒後結合

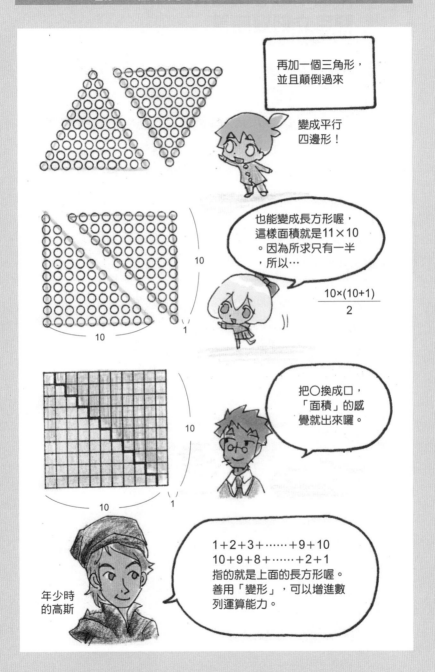

再加一個三角形，並且顛倒過來

變成平行四邊形！

也能變成長方形喔，這樣面積就是11×10。因為所求只有一半，所以…

$$\frac{10\times(10+1)}{2}$$

把○換成□，「面積」的感覺就出來囉。

10

10

1

10

10

1

年少時的高斯

1＋2＋3＋……＋9＋10
10＋9＋8＋……＋2＋1
指的就是上面的長方形喔。
善用「變形」，可以增進數列運算能力。

2-5 用面積思考鶴龜算，題目立刻變簡單

　　有一種稱為「**面積法**」的計算法，是將以「鶴龜算」（相當於「雞兔同籠」）的日本傳統算術問題，以面積的方式來計算。因為將題目具象化，所以解題變容易了。「鶴龜算？那種東西已經是老古董了！」或許會有讀者這麼想，但在一些入學考或公務人員考試中，卻會出現在數學推理問題中。因此，如果有讀者已經忘了鶴龜算，不妨一起練習下面的題目。

> **問題**　鶴與龜的數量共有11隻，腳的總數為30，試問各有幾隻鶴、幾隻龜？

　　以國中程度，會設鶴$= x$、龜$= y$，並列出下面的聯立方程式，以求出 x 和 y。

$$\begin{cases} x + y = 11 \\ 2x + 4y = 30 \end{cases}$$ 　求得鶴=7隻，龜=4隻

　　但是，鶴龜算的精髓應在於，不要使用聯立方程式，而是「思考」。通常我們會利用「**建立假設，解決矛盾**」的方式來解題。

　　「假設全部為鶴，則，鶴有11隻，龜有0隻，因此，鶴腳會有11×2=22隻。但全部應有30隻腳，還差30－22=8隻，可見『全部都是鶴』的假設是錯的。由於一隻龜與一隻鶴相差4－2=2隻腳，所以不夠的8隻腳，是因為龜（多鶴兩隻腳）少了四隻。因此，龜有4隻，則鶴有11－4=7隻。」

鶴龜算的解題法：「假設」→「矛盾」

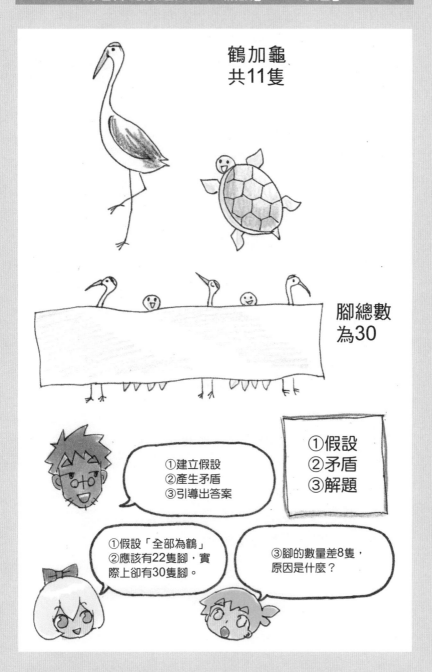

這是傳統的鶴龜算思考解題方式。由於「假設」全部為鶴，因此而產生「矛盾」，再利用矛盾來「解決」問題。相信學過這種算法的讀者，或許會覺得有點麻煩。

如果將這個計算方法，代換成長方形面積，不但能快速理解，也不容易計算錯誤。一起來練習看看吧。

問題　現有原價兩萬的產品A與原價五萬的產品B，合計共有77個產品，原價總和是280萬元。試問，產品A與B各有幾個？

我們已知產品A與B的各別原價，但不知道各有多少個。因此，如次頁圖，先畫出一個方形，假設方形的一邊是產品總數（77個），但因不清楚A與B各有幾個，所以將方形區分成A與B不同的長方形；方形的另一邊，則各設為A與B的原價。假設「所有產品都是B」，原價總和會變成77×5=385萬元，但實際上只有280萬元，

385萬元－280萬元=105萬元

這裡的105萬元，代表的是圖中的哪個部份呢？就是橘紅色的長方形，代表產品A與B的原價差（3萬元），這是因為「所有產品都是B」的想法，所導致的差異，因此，

$105 \div 3 = 35$

這是產品A的數量。由此可知，產品B的數量是77－35=42（個）。一邊參考圖形，一邊計算，可以清除知道解題進行的步驟，計算失誤會變少。

用面積思考鶴龜算，解題變簡單

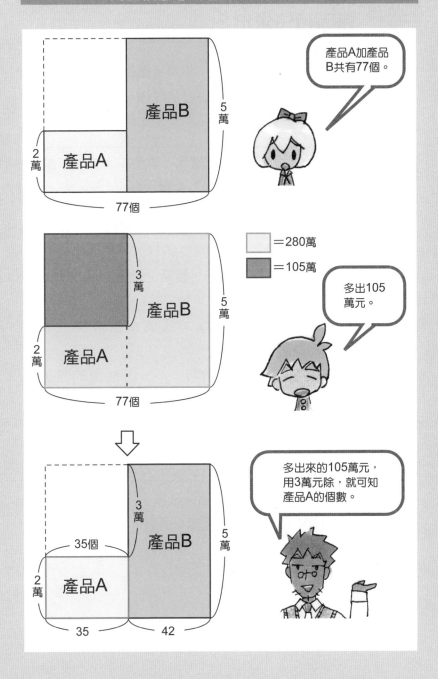

2-6 食鹽水的濃度也能以面積法求出？

面積法似乎具有萬能的作用。不只是鶴龜算，理化中的濃度問題，如果利用面積法，會變得容易理解。我們使用同樣的推理方法，先建立一個「假設」，再發現此假設矛盾的地方。

> **問題** 有4%的食鹽水及8%的食鹽水，欲將二者混和，調製出5%的食鹽水600g，請問需要4%食鹽水多少g？

如次頁上圖，方形的寬為濃度（4%、8%），長為重量（600g）。

4%、8%各有多少尚不清楚，暫時先隨意以不同長度區分。

若調製5%的食鹽水600g，代表食鹽量總共應有0.05×600g=30g。

假設「全部都是8%的食鹽水」，則食鹽的量應為0.08×600g=48g，但實際上食鹽的量為30g，多出48g－30g=18g。這是因為「全部都是8%的食鹽水」這個假設是矛盾的。

這個多出來的18g，其實就是次頁上圖中的藍色方形。以濃度來說，8%－4%=4%，這個部分是多出來的，計算之後得到18g÷0.04=450g。這就是4%食鹽水的量。

因此，4%食鹽水需要450g。

用面積法可算出食鹽水濃度！

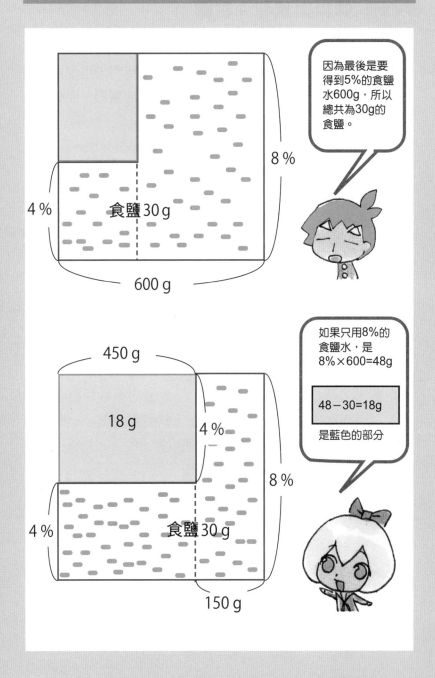

2-7　蜂巢與狄利克雷圖

　　蜂巢是六邊形，冰晶也是六邊形，足球球門網也是六邊形（以前是四邊形）……。為什麼不是正方形或圓形，而是六邊形呢？

　　請看次頁第二個圖，圖中有A' 與B' 兩種排列法，A' 的空隙比較大。試著將A' 的中間列往右邊推，會如第三圖左邊，空隙更加明顯。但是如果再從上下擠壓這個圖，空隙就會銳減。由此可見，圖形以交錯狀排列是最有效益的。

　　如果繼續從外部擠壓，假設力量大小一致，會出現平衡的垂直平分線，同時使得空隙消失，圓就變成六邊形。（參照54頁）

　　提到消除空隙這個想法，像是連鎖店的分店地理位置，也是以六邊形最有效。例如，某間公司在籌備分店時，會想「客戶會選擇去距離最近的分店」，所以分店之間的區域劃分，不是圓形，而是六邊形。像這樣，「以分店與客戶距離（遠近）」而繪製出來的區域圖，稱為「狄利克雷圖」。簡單地說，設置最具效益的連鎖店，在地理位置上的分布是呈正六邊形的——這是從蜂巢發展出來的構想。

　　但是，實際上與客戶的距離，會因為鐵路或道路狀況而有所變化，不會絕對是正六邊形，因此才更有必要重新檢討如何設置連鎖店的網路。

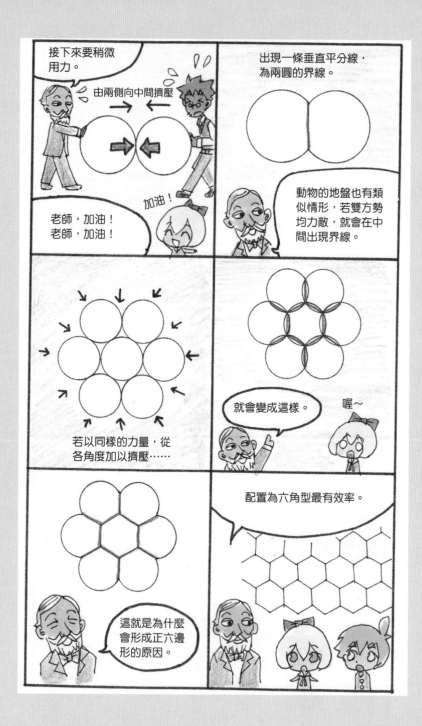

2-8 三角形很堅固，四邊形比較弱

　　三角形是很特殊的圖形，只要決定三邊的長度，形狀就不會崩塌。如果是四邊形，就算四邊的長度已定，從側邊用力壓擠時，很容易傾斜，變成平行四邊形。

　　在建築上，會利用三角型的堅固特質，製作「桁架」和「補強柱」。

　　桁架常用來作為鐵道或道路的橋桁，諸如華倫式、普拉特式、豪威式等等，有許多類型。例如，奔馳在東京市的中央線小石川橋通架橋，就是建設於明治37年（1904年）使用桁架構造建設的橋，直到現在還在使用（舊甲武鐵道）。

　　補強柱常被用來斜放、插入樑柱與樑柱之間，形成三角形，用以補強建築物。電視上常播出日式老建築的解體過程，有時會看到工匠驚呼：「沒有補強柱！」如果沒有補強柱，房屋容易因強風等橫向力量導致變形，支撐建築物的力量就會變得很弱。

　　如果在四面牆壁之間加上一條補強柱，就能讓「脆弱的四邊形」變成「堅固的三角形」，從而加強建築物。

　　世界各國協力所建造的太空站，也有桁架構造喔。

　　三角形真是堅固呢。

桁架與補強柱，堅固的秘密就在三角形！

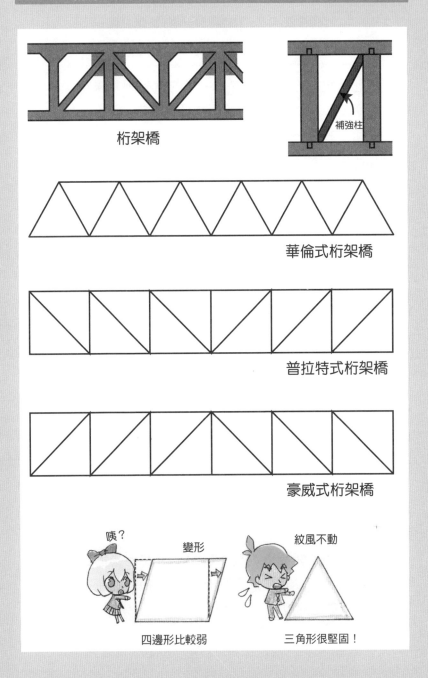

桁架橋

補強柱

華倫式桁架橋

普拉特式桁架橋

豪威式桁架橋

咦？ 變形

紋風不動

四邊形比較弱

三角形很堅固！

在1796年3月30日所發生的事，
解決了高斯對未來的煩惱

　　提起「世界三大數學家」，指的就是阿基米德、牛頓、高斯三個人，這之中最晚登場的是高斯。

　　高斯（1777～1855年）是個早慧的天才，據說三歲就能指出父親計算薪水的錯誤，於數學各種領域中都留下極高成就，對於非歐幾里得幾何學（參照188頁）領域的研究也是先驅。

　　但是，這麼天才的高斯，自年幼起就有極大的煩惱，也就是對於自己「未來的出路」。除了數學，高斯還兼備多種才華，「數學或語言，是一個問題。」就像哈姆雷特一般，高斯對於自己未來該選擇的道路感到煩惱。

　　高斯最後選擇了數學之路，對於全人類而言，這應該是值得慶賀的事。轉捩點就在1796年3月30日，高斯在18歲的那天，成功地解出被視為不可能的「正十七邊形作圖法」。在此之前，只要一談到以尺和圓規製作角數為質數的正多邊形作圖法，人們只知道正三角形與正五邊形，但經過兩千年，高斯展示了新的正多邊形作圖法，使得他本人十分興奮，於是立定志向，走上數學之路。

　　高斯自那天開始寫「高斯日記」，在他過世之後，日記的內容公諸於世，於是更多人可以知道高斯在各種數學領域所創造的成就。

第3章

挑戰！不可思議的
圓與π

3-1 測量曲線的土地面積

　　歷史上，尼羅河一次又一次的氾濫，迫使古代許多人必須一再測量尼羅河畔土地的面積，這成為許多智慧的開端。

　　舉例來說，當尼羅河的流向產生變化時，土地因此受到影響，而呈現出如右頁上圖的曲線。若是呈現的圖形是多角形，還能劃分成多個三角形以進行測量，但我們應該如何測量曲線圖形呢？

　　在古埃及的數學著作《萊因德紙草書》（*Rhind Papyrus*）中，提到這樣的概念：「圓的面積近似於正方形的面積」（請參照本書64頁）。在介紹此概念之前，我們想先介紹「將曲線轉換成多角形，再算出面積」的基礎概念，也就是稱做「梯形法則」（Trapezoidal Rule）的方法。

　　首先，將原先圖形上的A、B單純以直線相連後，我們可以發現，若企圖將A、B曲線內的面積相互消抵，很明顯地可以看出 $S \neq S_1 + S_2$。接著，若將梯形縱向分成三等分（寬度＝h），並將三等分別以 $S_1 \sim S_3$ 標示，可得：

　　$S \fallingdotseq S_1 + S_2 + S_3$

　　由此，我們可以想像，若將圖形分成愈多份，就愈能得到與真實面積近似的值。

　　以實際的計算，測量各邊的長度之後，將會產生下面的式子，

$$S = S_1 + S_2 + S_3 = \frac{a+b}{2}h + \frac{b+c}{2}h + \frac{c+d}{2}h$$

$$= \frac{a+2b+2c+d}{2}h$$

即使是以複雜的曲線圍成的面積，只要分成3～5等分，就能得到近似值。

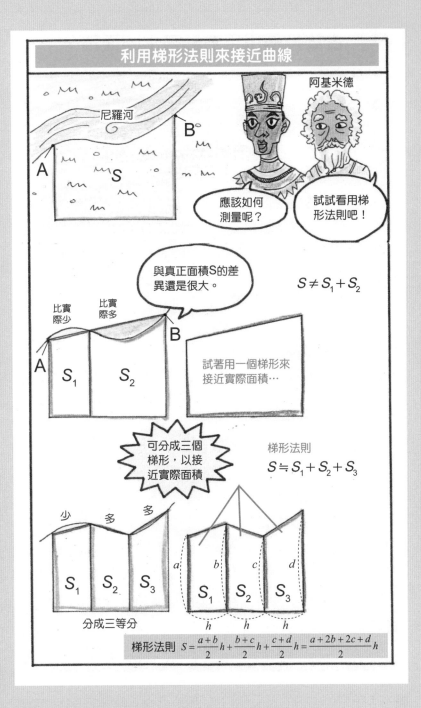

3-2 古埃及是用正方形來求圓面積？

　　邊長為直線的圖形面積，思考的方式是很簡單的。例如正方形或是長方形，只要將「單位為1的正方形」當作基準來思考即可，而且還可以由此連想到「縱×橫」的想法。若為三角形，也只要將之視為長方形的一半即可。

　　但是，像圓這種以曲線圍成的圖形面積，就變成了棘手的問題。讓我們來試著想想，人類當初是如何對付「圓面積」這個問題吧。首先，讓我們從古埃及的思考方式開始，假設與古埃及法老王拉美西斯對話如下：

　　筆者：「您是如何知道求圓面積的方法呢？」

　　拉美西斯：「首先如次頁，我試著將圓形完整地放在正方形上，從面積上來看，理所當然『正方形＞圓形』。」

　　筆者：「原來如此，但是，粉紅色的部分怎麼辦呢？」

　　拉美西斯：「這我當然知道，你別急！接著，將正方形慢慢地縮小，結果逆轉成『正方形＜圓形』。如此一來，我們可以猜想，在某個時間點，會有一瞬間形成『正方形＝圓形』。」

　　筆者：「您說的沒錯，但那個時間點要怎麼求呢？」

　　拉美西斯：「那個時間點，就是當正方形邊長，正好成為圓直徑 $\frac{8}{9}$ 的瞬間啦！怎樣，是不是剛剛好呀！」

　　筆者：「哇～這真是太厲害喔！話說回來，您是怎麼知道在『圓直徑的 $\frac{8}{9}$』的時間點，面積會剛剛好變成『正方形＝圓形』呢？」

　　拉美西斯：「這不是理所當然嗎？你有什麼不服氣嗎？」

　　（接下來，法老王拉美西斯將會在本書中以虛構的人物登場。）

向《萊因德紙草書》的圓面積問題挑戰！

前一節大略介紹過，古埃及人認為「一圓面積，和邊長為圓直徑 $\frac{8}{9}$ 的正方形面積相等」。雖然對他們的思考縝密度有點疑問，但這個概念具有實用性跟便利性。

$\frac{8}{9}$ 這個數字，是在《萊因德紙草書》中出現的。趁這個機會，我們不妨就從此書中出一個題目，把自己當成是古埃及人，使用「一圓面積＝邊長為圓直徑 $\frac{8}{9}$ 的正方形面積」這個概念來思考看看吧。

問題　請求出直徑為九凱特（khet）的圓形土地面積

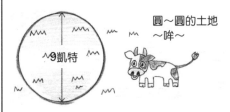

圓～圓的土地
～哞～

～9凱特

*註：古埃及長度單位凱特，1凱特約為52公尺。

在以古埃及方式來解題之前，我們先用現代的方式來思考圓面積，因直徑為九凱特（半徑＝4.5凱特），就會變成

$$\pi r^2 = (3.14) \times (4.5) \times (4.5) = 63.585$$

單位為（凱特）^{2}＝司洽特（Setat）。

接著，讓我們試著以古埃及方式來挑戰看看吧。在《萊因德紙草書》中有如下的解法：

(1) 將圓直徑減少 $\frac{1}{9}$ ── 變成 $\frac{8}{9}$

(2) 將縮減後的直徑相乘 ── 等於正方形的面積。

我們立即將上述的(1)、(2)實際運算如下：

(1) $9 - 9 \times \dfrac{1}{9} = 9 - 1 = 8$（凱特）

(2) $(8)^2 = 64$（司洽特）

把這個答案和前面解出的63.585相較，兩值相差些微的0.415，誤差只有0.65%。

說到這裡，其實《萊因德紙草書》中的運算法，從頭到尾只有利用「正方形面積（邊長為圓直徑的 $\dfrac{8}{9}$）」來計算圓面積一個方法而已。雖然沒有利用「圓周與直徑的比（圓周率）」的複雜思維，就解決了圓面積的問題，但若將古埃及曾使用過的圓周率以 P 來表示（為了和 π 區別）如下，

$$Pr^2 = P \times (4.5) \times (4.5) = 64$$

就會變成以上的式子，而我們查到古埃及圓周率的實際值代入計算，

$$P = 3.1604938\cdots\cdots$$

其值與 $\pi = 3.141592\cdots$ 差異並不太大。

順帶一提，1凱特大約為52m，因此直徑9凱特的圓面積約為171.934m^2。也就是說，土地面積約52.010坪。另外，因現在推測1凱特＝100腕尺（cubit），於是可得知1腕尺＝約

52cm。腕尺這個單位是「法老王手肘到指尖的長度」，讀者們不妨用自己的身體來測量看看，應該會意外發現1腕尺＝52cm比想像中還要大。

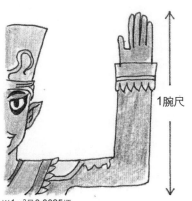

1腕尺

※1m^{2}是0.3025坪

3-4　用阿基米德窮盡法計算圓周率

　　埃及之後要介紹的是希臘。天才阿基米德在西元前287年生於隸屬羅馬帝國西西里島上的席拉庫薩，當時屬於古希臘，在西元前212年第二次普尼克戰爭（由漢尼拔所率領的迦太基與羅馬的戰爭）中，因受到羅馬軍隊的攻擊而去世。有關他的去世，流傳著這樣的逸聞。據說，當時羅馬軍隊已攻入城中，但阿基米德仍沉浸於思考幾何問題，後來他對敵軍大喊「不要踩我畫在地上的圖！」而被殺害。

　　接下來，我們一起來看看阿基米德對圓所做的研究，特別是求 π 的方法。首先，分別畫出內接於圓內的正六角形，以及外接在圓外的正六角形。藉由在圓周上畫出內接及外接的兩個正六角形，我們可以了解圓周與正六角形的總邊長關係為：內接正六角形＜圓周＜外接正六角形。

　　在這裡，我們找出內接的正六角形每個邊長的中間點，並將點相連，於是形成：

　　正六角形→正十二角形→正二十四角形→……→正九十六角形，圖形變成正九十六角形，接近圓形，請試著算算看總周長。

　　根據以上論點：

$$3+\frac{10}{71} < 圓周長 < 3+\frac{1}{7}$$

換算成小數點後就會變成

　　3.1408450…… ＜圓周長＜ 3.14285714……

　　因此得知圓周率＝3.14……。一直到中世紀為止，這是唯一能推算出圓周率的方法。如日本江戶時期的數學家建部賢弘，利用正1024邊形配合他獨特的近似法，可算到小數第42位，也是相同的原理。

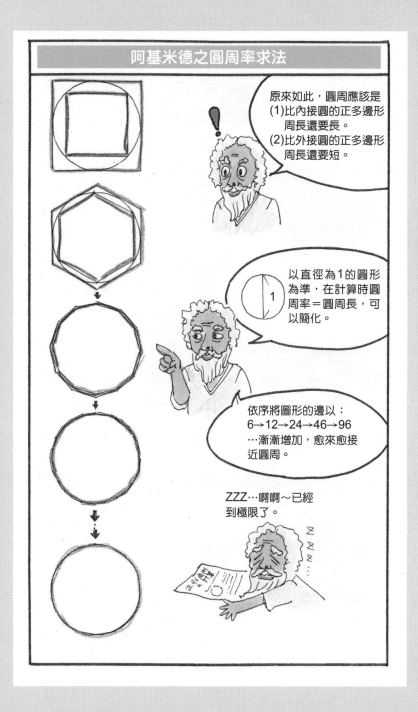

3-5 以直覺認識「圓的面積」

假設有一個讀小學的孩子，你是否有什麼方法，可以讓這個孩子直覺性的接受「為什麼圓面積是 πr^2 呢？」

這個方法就在本書第72頁。首先，將圓如72頁圖①分割，再跟圖②一樣，將分割的圓弧以相反方向相互交叉排列，於是形成一個接近平行四邊形的圖形。接著再如圖③分割，圖④重新排列…如此重複這個動作，最終會變成像圖⑤一樣接近「長方形」的圖形。

這個長方形的長，就是圓弧重新排列後的長度（彼此交叉排列）。因圓周為「直徑×圓周率（π）」，所以，

長＝（直徑 $\times \pi \times \dfrac{1}{2}$）＝半徑 $\times \pi$

這個長方形的寬，即半徑。

故這個長方形的面積為，

長×寬＝（半徑 $\times \pi$）×（半徑）＝ πr^2

若半徑為1，這個長方形的寬就等於 π。因此，我們可以用厚紙板來做個圓形，再將圓形切割，例如分成16等分，組合後再測量寬，你會發現，圓周率就在你面前算出來了。

另外，也可以如73頁，將扇形變成三角形。這時底邊為 $2\pi r$，就能得知，

扇形面積＝底×高÷2＝ $2\pi r \times r \div 2 = \pi r^2$

也就是說，扇形面積與圓面積求得的結果一致。

試證明圓面積為 πr^2

你還好吧？

我在回想拉美西斯大叔會怎麼做！

嗯～

我知道了！用相似梯形來解如何？

如果用相似梯形，就沒有辦法化成簡單的公式了。

對耶…

$$\frac{a+2b+2c+2d+2e+f}{2}h$$

沒有其他切割圓的方法嗎？

橫切不行，縱切？

還是不行啊。

如果是切蛋糕，把切下的蛋糕移到盤子上排好…。

將兩塊蛋糕以相反方向相互排列，形狀就會變得很接近平行四邊形！

71

3-6 以重量求出圓周率的新方法！

自古以來，有許多數學家都挑戰過圓周率，不僅有阿基米德的窮盡法，也有許多複雜計算（冪級數展開等）的方法。

在這麼多的方法之中，有個值得獲頒「最佳點子獎」的方法，就是「利用重量求圓周率」。由於需要實際準備厚卡紙（如瓦楞紙等），經切割再測重量，每個人都可以實際做做看。

瓦楞紙可以去量販店或大賣場購買，價格很便宜。在瓦楞紙上畫出如次頁上方的兩個圖，然後剪下來。

①正方形（邊長35cm）

②圓形（半徑17.5cm，也就是直徑35cm）

如此一來，②的圓形就是內接在①正方形裡的圓。從瓦楞紙上裁剪下來的正方形及圓形不能太小，以免在重量上出現太多誤差，結果求出的 π 值與正確相差甚遠。

現在切好後，將正方形和圓形的面積比較，你會發現，

正方形：圓形＝$2 \times 2 : 1 \times 1 \times \pi = 4 : \pi$

由於紙的厚度相同，體積比就是「正方形：圓形＝4：π」，這也是重量的比例。

接下來將正方形和圓形的重量各以 a 公克、b 公克來表示。經過實際測量，可得到如次頁的重量，這裡量出正方形為60g、圓形為46g。依照上述比例，可計算：

$$\pi = \frac{4b}{a} = \frac{4 \times 46}{60} = 3.066666\cdots\cdots$$

雖然數字無法精確計算到3.14，但「利用重量求圓周率」，的確是一個有趣的點子。

試著用重量來計算圓周率

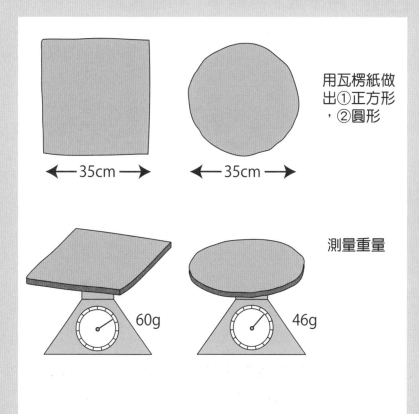

用瓦楞紙做
出①正方形
，②圓形

←—— 35cm ——→　　←—— 35cm ——→

測量重量

60g　　46g

重量與體積的比例

↓

和面積的比例（厚度相同）

$$\frac{圓面積}{正方形面積} = \frac{\pi r^2}{(2r)^2} = \frac{\pi}{4} \begin{array}{l} \longleftarrow 對應46g \\ \longleftarrow 對應60g \end{array}$$

$$\therefore \quad \pi = \frac{4 \times 46}{60} = 3.0666 \cdots\cdots$$

3-7 用牙籤求圓周率──布豐投針

　　用瓦楞紙求 π 的方法非常特別，現在，我們要介紹一種用偶然（機率）來求 π 的方法。這方法會讓你在實際操作之後，得到一個令人驚奇的 π 值。

　　需要準備的材料有：

①A3的影印紙。（也可以用大張的海報紙或月曆）

②牙籤10支。（須先測量牙籤的長度）

　　其實本來應該要準備「一百支牙籤」，但要用到那麼多支牙籤，太麻煩了，所以準備十支牙籤，重複進行十次的操作即可。這裡我們所準備的牙籤，就是「布豐的針」。

　　在海報紙上（量販店、大賣場或是文具店都有賣）以15cm的間隔畫出數條平行線（長度必須比牙籤長）。畫完平行線後，再往紙上隨意投擲牙籤。

　　如果有不小心投到紙外的牙籤，請撿起來，再投一次。每投完一次牙籤，就把與平行線碰觸到的牙籤數量記錄下來，記錄完畢，請重新再投一次，再記錄。就這樣重複進行十次，最後一共會得到100個數據。

　　在這裡，若將平行線的間隔＝a，牙籤的長度＝k 來表示，可將牙籤碰觸到平行線的機率 P 表示為：

$$P = \frac{2k}{\pi a} \quad 或 \quad \pi = \frac{2k}{Pa}$$

　　由此可知，若決定了平行線的間隔距離，並測量牙籤長度，且取得100次投擲數據，就能預測 π 值。

3-8 試證明圓周率比3.1大……

　　雖然有許多人誤認為「題目愈長愈難解」，但實際上正好相反。這麼說是因為，如果題目較長，比較容易從題目中找出「線索提示」，相反的，題目愈短，提示就會愈少。接下來的題目只有一行。

問題　試證明圓周率比3.1大。

　　找不到線索，就是個難解的問題。但是，若已知道可以用阿基米德的窮盡法來接近圓周率，以「6角形→12角形」的方法，就可以找到答案。只要能知道解題方法，剩下的步驟就很簡單了。

　　解法可以看次頁的漫畫輕鬆瞭解，在此則解釋計算步驟，讓我們一起努力吧。

　　首先，設圓的直徑為1，因此圓周長應該為3.14……，與圓周率相同，因此這樣設定會比較單純。

　　接下來，在次頁漫畫的最後一格，「求出頂角為30度的等腰三角形短邊長，再乘以12倍」。接著，由於會使用到三角函數，如果對三角函數不拿手，只要知道「接下來要使用三角函數定理即可」這樣就夠了。

　　取正12角形的一邊為底邊，以中心為頂點，畫一等腰三角形，頂角角度即為30度。由於三角形內角和為180度，剩下來的兩角和則為150度，也就是說，每個角各為75度。

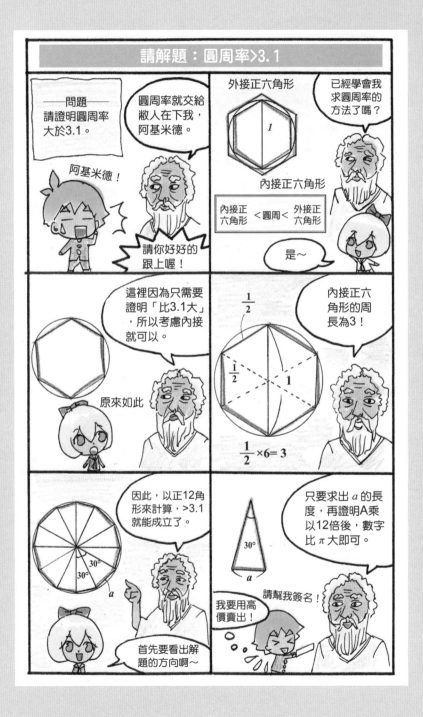

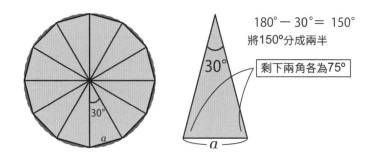

$180° - 30° = 150°$

將150°分成兩半

剩下兩角各為75°

　　由於此等腰三角形的兩邊皆為半徑，所以長度各為 $\frac{1}{2}$。由以上步驟，我們可以得知三個角的大小及兩邊長度。

　　接著，請你試著照以下的想法來思考看看。

　　「首先先求出 a，再乘以12，所以圓周長就是12a，接下來只要求出 12a 大於3.1，題目就解開了～」

　　但是，若使用這個方法，必須：①將下面的三角形中的 a 以正弦定理求出，接著依照②的步驟，計算 sin 的和角公式，

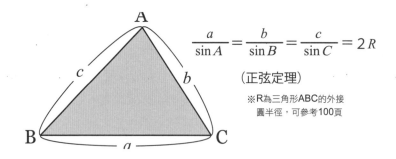

$$\frac{a}{\sin A} = \frac{b}{\sin B} = \frac{c}{\sin C} = 2R$$

（正弦定理）

※R為三角形ABC的外接
　圓半徑，可參考100頁

求出

　　$\sin 75° = \sin(45° + 30°) = \sin 45° \cos 30° + \cos 45° \sin 30°$

這個計算方式最適當。

原因請參照次頁的圖。

您是否發現，等腰三角形可轉換成直角三角形？如果你想到這個點子，就可以聯想到正弦定理，於是知道和角公式能夠引導我們找到答案。

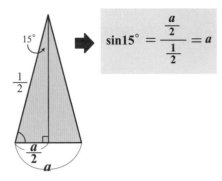

$$sin15° = \frac{\frac{a}{2}}{\frac{1}{2}} = a$$

$$\sin15°=\sin（45°-30°）=\sin45°\cos30°-\cos45°\sin30°$$

藉由公式可得知 $\sin15°$ 將會變成 a，也能因此減少計算步驟。

$$a=\sin45°\cos30°-\cos45°\sin30°=0.258819\cdots\cdots \quad ①$$

因將①乘以12倍，就成為圓周長，於是，

圓周長（此題即為圓周率）=12×①=3.1058285……＞3.1

由此可證明「圓周率 π 比3.1大」。

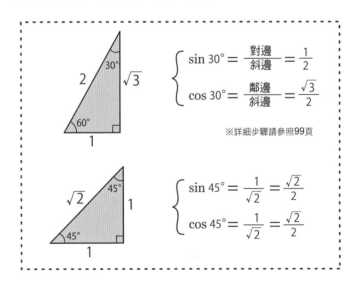

$$\sin 30° = \frac{對邊}{斜邊} = \frac{1}{2}$$

$$\cos 30° = \frac{鄰邊}{斜邊} = \frac{\sqrt{3}}{2}$$

※詳細步驟請參照99頁

$$\sin 45° = \frac{1}{\sqrt{2}} = \frac{\sqrt{2}}{2}$$

$$\cos 45° = \frac{1}{\sqrt{2}} = \frac{\sqrt{2}}{2}$$

3-9 內圓周和外圓周相差多少？

一想到「圓」，就會想到 π 和圓面積，但其實「圓周長」也很奇妙。若圓半徑為 r，圓周長為 $2\pi r$。

問題　A為圍繞半徑10m小池塘的步道，B為圍繞半徑10km火山的火口湖外圍道路。兩者路寬皆為6m，路肩設有柵欄。請問B的內側及外側柵欄長度，是A內外柵欄長度的幾倍？

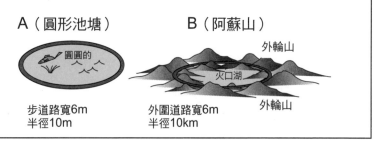

A（圓形池塘）　　　　B（阿蘇山）

步道路寬6m
半徑10m

外圍道路路寬6m
半徑10km

半徑為10m的池塘步道，外測及內側的柵欄長度相差不大，但若是半徑為10km的火口湖外圍道路，長度差就變得相當大。實際計算看看，

$$\left(2\times16\,[\text{m}]\times\pi\right)-\left(2\times10\,[\text{m}]\times\pi\right)=12\,\pi\,[\text{m}]=37.68\,[\text{m}]$$

$$\left(2\times10.006\,[\text{km}]\times\pi\right)-\left(2\times10\,[\text{km}]\times\pi\right)=0.012\pi\,[\text{km}]$$
$$=12\,\pi\,[\text{m}]=37.68\,[\text{m}]$$

令人意外，幾乎沒有差別呢！這是因為如以下所示，決定內外柵欄長度大小的，並非圓的半徑大小，而是道路的寬度。

$$\pi(r+h)-2\pi r=2\pi h$$

3-10 克卜勒從樸實的窮盡法發現了大世界！

「哥白尼式大逆轉」，是將世人認為的常識以180度大翻盤，如我們所知，這個說法否定了自古以來眾人所認定的托勒密地心說，由主張日心說的哥白尼（Nicolaus Copernicus）所提出。

但是，哥白尼的思考是否為創新的想法，答案就不一定了。舉例來說，哥白尼無法跳脫「圓為完整圖形」的傳統觀念，以致他一直認為火星軌道是圓形的。

主張火星軌道「並非圓軌，而是橢圓形」的人是克卜勒（Johannes Kepler）。克卜勒一開始與哥白尼相同，認為「火星軌道為圓形」，但是，他看了他的老師第谷・布拉赫（Tycho Brahe）所留下的大量火星觀測數據之後，開始傾向於橢圓軌道。

雖然行星的軌道是橢圓形，但以離心率來看，地球為0.0167，金星也沒有超過0.068，幾乎與正圓形相近（正圓形的離心率為0），只有火星的離心率達到0.0934。

克卜勒更經由大量的人工計算，得到「行星在一定時間中，在軌道內所經過的面積（面積速度）皆相等」（克卜勒第二定律）。後來牛頓更將窮盡法（又稱為「區分求積法」）推廣發展，開啟了微積分的大門。

阿基米德故意把錯誤的定理寫在信裡…

阿基米德出生在現今義大利的西西里島席拉庫薩（又譯敘拉古），他去過當時學術的中心—埃及亞歷山卓留學，再回到席拉庫薩，直到結束一生。當時，席拉庫薩被捲進第二次普尼克戰爭，阿基米德為了席拉庫薩，製作了許多戰鬥兵器。

同時，他也耗費很大的精力在數學上的研究發現。他常將「還沒有經過證明結論」，以書信的形式，寄給他在亞歷山卓的朋友，以互相解題為樂。

不過，雖然阿基米德有很多這樣的知己，還是有一些人會利用阿基米德的信，自稱「我發現了新的定理！」這種欺騙的人。

阿基米德在一封給埃拉托斯特尼的信裡（Eratosthenes，因測量地球的大小而聞名），寫下了一些內容：

「我想要一個個重新回憶以前曾寄給你的定理。我提到這個，是因為我在定理中故意寫了兩個錯誤的定理，我知所以寫進去，理由是對於那些明明一個證明都沒有做，卻自稱『這是他所發現的』人，我想擊破他們的論點，指出他們『發現了不可能發生的事』。」

不論是兩千年前還是現代，都有企圖奪取他人功績，聲稱為自己所有的人，橫行於世道中。

第4章

畢達哥拉斯定理與三角函數的智慧

畢達哥拉斯定理是幾何學瑰寶！

　　「請舉出一個幾何世界中最有名的定理吧！」如果有人這樣問，第一個有力的答案，想必就是**畢達哥拉斯定理**，又稱為三平方定理。

　　稱為三平方定理，是因為「平方」為正方形的概念，畢達哥拉斯定理是「三個正方形所成立的定理」。以直角三角形的三邊a、b、c（c為斜邊）表示，即：

$$a^2 + b^2 = c^2$$

　　這就是畢達哥拉斯定理。如次頁右圖，將等腰直角三角形組合成三個正方形，可以幫助大家瞭解其成立原因。

　　除了等腰直角三角形成立，也來看看直角三角形是否成立吧！稍後將會再挑戰幾個嚴謹的證明，但在此先以直覺來理解。

　　請看次頁左下圖，圖中有①～⑤的區塊，將直角三角形兩邊的正方形分為五塊，這五個區塊可與斜邊的最大正方形相合，實際感受畢達哥拉斯定理的正確性。

　　經過試誤嘗試，可以發現此兩組正方形可完全如拼圖一樣嵌合。不須旋轉移動，只單純地平行移動就可以解題，不必看解答（筆者認為就算看了，也無法立即理解），請務必親自挑戰看看。也可以將圖放大影印，剪下①～⑤來實際排列，就能夠理解。

畢達哥拉斯定理的發現

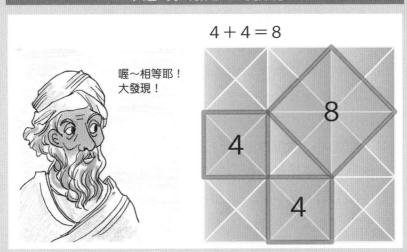

$$4 + 4 = 8$$

喔～相等耶！
大發現！

只要是直角三角形都成立

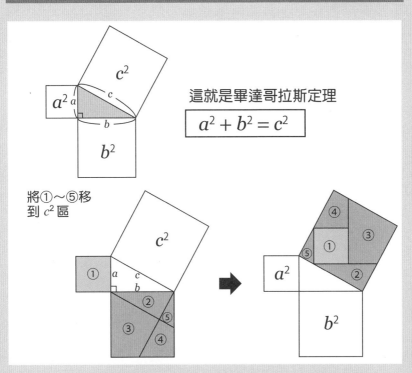

這就是畢達哥拉斯定理

$$a^2 + b^2 = c^2$$

將①～⑤移
到 c^2 區

4-2 「無理數」誕生於幾何世界

數學可分為「幾何」和「代數」兩部分，幾何是圖形，而代數則為方程式等數學計算。

因此，零的發現、負數等概念，可以想成是存在於代數的世界，而與幾何的世界毫無相關。

但是，像是「無理數」這種打破常識的數，大家實際上都知道，卻是最先發現在幾何世界中。自然數（1、2、3……等正整數）、整數（包含負數與零）、分數或小數皆為「**有理數**」，不是這些有理數的即為「**無理數**」。

簡單地說，無理數是「不能以整數或分數所表示的數」，「沒有規則性，小數點無限循環的數」。但0.3333……或0.142857142857……等的循環小數，由於可以 $\frac{1}{3}$ 或 $\frac{1}{7}$ 等分數表示，雖然也是無限循環小數，但屬於有理數。

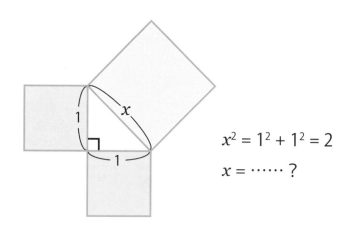

$$x^2 = 1^2 + 1^2 = 2$$
$$x = \cdots\cdots ?$$

　　「無理數最早由畢達哥拉斯學派所發現」。如90頁圖，一等腰直角三角形，斜邊 x 為

　　　　$x^2 = 1^2 + 1^2 = 2$

　　此時，x 等於1.41421356……，這個不規則的數字呈無限延續狀態。

　　這個 x 被證明為「不能以分數表現的數」，是個「世紀大發現」，但對畢達哥拉斯派而言卻造成相當的困擾。

　　這是因為，畢達哥拉斯派認為，「數線為有限個數點（極小的點）所組成」，如果承認有「小數點後無限延續的數」存在，數線本身的概念就會動搖。

　　因此，即使無理數是個偉大的發現，但畢達哥拉斯學派還是將這個發現隱藏起來。無論傳說真偽，一個等腰直角三角形的幾何圖形，卻含有「無理數」，這是多麼令人吃驚的一件事啊。

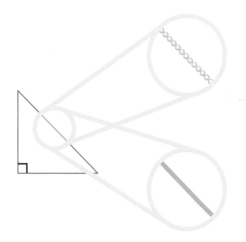

數線應該是由有限個數點所組成的，這下怎麼辦，不要讓別人知道吧！

4-3 土地測量師與直角三角形

　　「埃及是尼羅河的贈禮」，尼羅河的定期氾濫，帶來尼羅河上游的肥沃土壤，振興了農業，更是讓埃及天文學與幾何學得到莫大的發展。

　　幾何學的發展，舉例來說，每當尼羅河氾濫後，就必須重新進行土地測量，由「**土地測量師**」來擔任這個工作。

　　土地測量師會使用等間隔打結的繩子進行測量，並以「**三角形的三邊比為3:4:5時，此三角形即為直角三角形**」為理論基礎。

　　知道「3:4:5」這件事，對於土地測量是非常方便的。想要知道三角形土地面積，如果不拉出正確的**直角**，就無法決定正確高度，但只要知道「3:4:5」這個比例，就可以拉出直角。

　　古美索不達米亞或埃及的土地測量師，都已經知道「3:4:5」這件事，但在數學史上能夠名留青史的，卻是畢達哥拉斯學派。這是因為畢達哥拉斯學派首先解開了這個謎題：「三角形三邊為 a、b、c，若果 $a^2 + b^2 = c^2$ 成立，此三角形即為直角三角形」。

　　如果土地測量師能夠從「3:4:5」的比例，注意到 $3^2 + 4^2 = 5^2$，並進一步解開「$a^2 + b^2 = c^2$」的謎題，現在我們或許會將此定理稱為「土地測量師定理」，真是可惜。

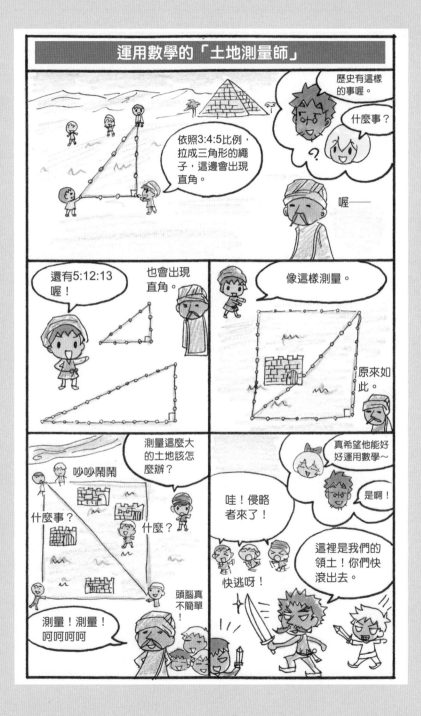

4-4 頭腦體操：畢達哥拉斯定理的證明

實際使用畢達哥拉斯定理（三平方定理）的，除了尼羅河的土地測量師，還有美索不達米亞、中國甚至印度，這些地區的人們都知道「3:4:5」等直角三角形的比例。

本章的開頭以拼圖介紹了畢達哥拉斯定理，在此則要思考更為嚴謹的證明。

次頁上圖中有四個相同的直角三角形，在內部形成一個正方形，由於斜邊為 c，面積即為 c^2。而這些三角形在外部形成的正方形，邊長為 $(a+b)$，可得計算式如下：

$$c^2 = (a+b)^2 - \frac{1}{2}ab \times 4 = (a+b)^2 - 2ab \cdots\cdots ①$$

上圖的直角三角形，兩兩合併後，可形成下圖的兩個粉紅正方形區塊，由於外圍邊長還是 $a+b$，在此計算 a^2+b^2 會變成：

$$a^2 + b^2 = (a+b)^2 - 2ab \quad \cdots\cdots ②$$

由於①＝②，可得

$$a^2 + b^2 = c^2$$

則證明畢達哥拉斯定理。

另外，也可以不使用數學算式，將次頁兩個圖用剪貼的方法，也可解題。請參考96頁。

證明畢達哥拉斯定理

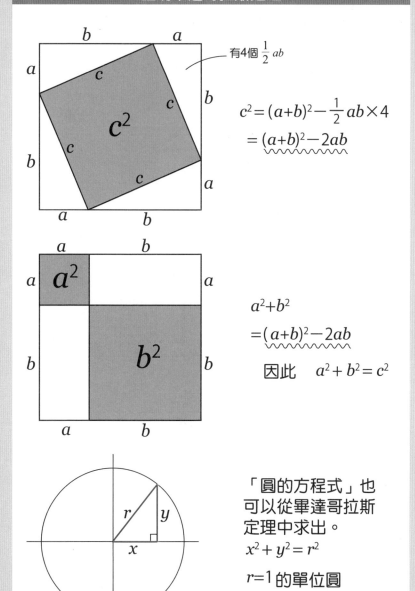

有4個 $\frac{1}{2} ab$

$$c^2 = (a+b)^2 - \frac{1}{2} ab \times 4$$
$$= (a+b)^2 - 2ab$$

$$a^2 + b^2$$
$$= (a+b)^2 - 2ab$$
因此　$a^2 + b^2 = c^2$

「圓的方程式」也
可以從畢達哥拉斯
定理中求出。
$$x^2 + y^2 = r^2$$

$r=1$ 的單位圓
$$x^2 + y^2 = 1$$

請試著以剪貼方式，完成前
頁的畢達哥拉斯定理證明。

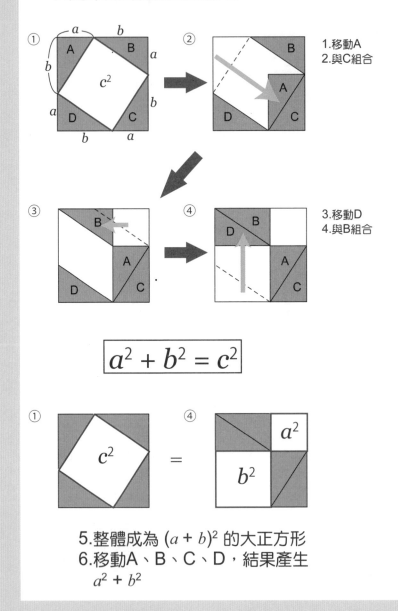

$$a^2 + b^2 = c^2$$

5.整體成為 $(a + b)^2$ 的大正方形
6.移動A、B、C、D，結果產生
$a^2 + b^2$

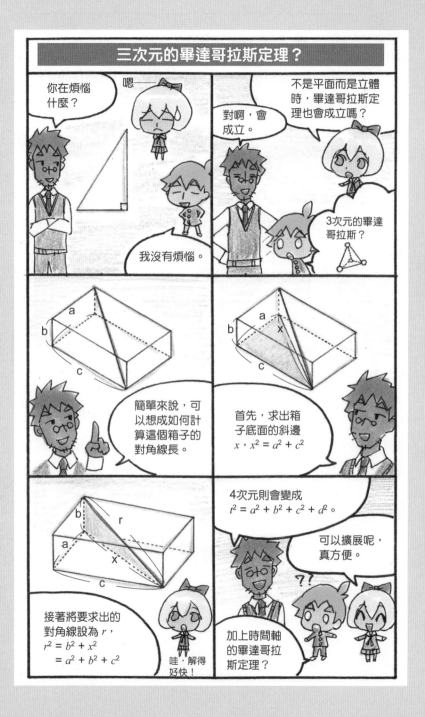

4-5 用三角形記憶sin、cos、tan

　　用畢達哥拉斯定理，來看三角形三邊的關係，就可以容易理解「**邊與角度**」的關係。舉例來說，等腰直角三角形中，底邊兩角分別為45度，則三邊的比為

　　$1:1:\sqrt{2}$

　　如81頁，若定義角度 θ 與三角形的斜邊、對邊、鄰邊的關係，可見如次頁圖中，將s（sin）、c（cos）、t（tan）與三角形的邊互相對應，就會很容易記憶。

$$\sin\theta=\frac{對邊}{斜邊} \qquad \cos\theta=\frac{鄰邊}{斜邊} \qquad \tan\theta=\frac{對邊}{鄰邊}$$

　　由此，即使不清楚sin、cos和tan三個算法，假設只要知道 $\tan\theta$ 值，就可以知道「鄰邊與對邊的比」，接著斜邊比就可以計算出來。只要知道三角形的兩個邊長，就可以算出第三邊長，非常方便。

　　由於sin與cos以最長斜邊為分母，所以

　　$\sin\theta \leq 1$

　　$\cos\theta \leq 1$

　　$\tan\theta$ 則有大有小。當然，每個角同樣都可以求得 sin、cos 和 tan 值。

sin、cos、tan記憶法

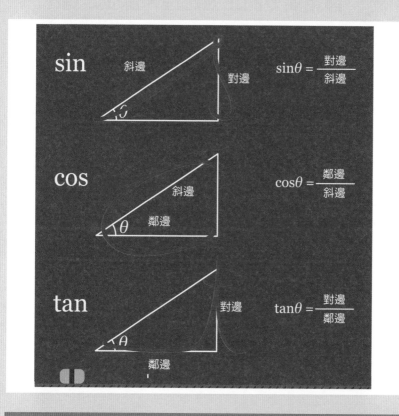

$$\sin\theta = \frac{對邊}{斜邊}$$

$$\cos\theta = \frac{鄰邊}{斜邊}$$

$$\tan\theta = \frac{對邊}{鄰邊}$$

單位圓與sin、cos

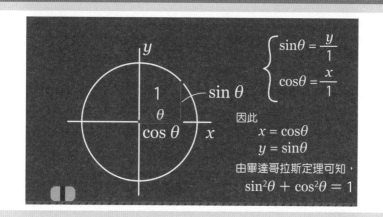

$$\begin{cases} \sin\theta = \dfrac{y}{1} \\ \cos\theta = \dfrac{x}{1} \end{cases}$$

因此
$$x = \cos\theta$$
$$y = \sin\theta$$

由畢達哥拉斯定理可知，
$$\sin^2\theta + \cos^2\theta = 1$$

4-6 運用廣泛的正弦定理、餘弦定理！

「世界上的三角形，不只有直角三角形，因此是否有更普遍適用的三角形法則或定理呢？」你可能會這麼想。

在此章我們要介紹正弦定理與餘弦定理，這兩個定理會使用前一節所介紹的「sin、cos、tan」，運用起來非常廣泛。

如下圖的三角形，我們可知角A、B、C與其對邊a、b、c之間的關係，

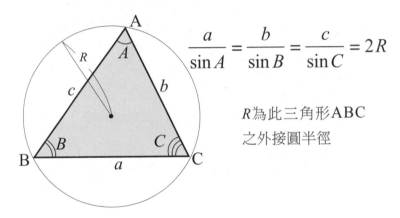

$$\frac{a}{\sin A} = \frac{b}{\sin B} = \frac{c}{\sin C} = 2R$$

R為此三角形ABC之外接圓半徑

sin稱為正弦，因此這個定理稱為**正弦定理**，相信這個形狀很容易記住吧！公式最右邊的「$2R$」表示外接圓的直徑（R=半徑）。

正弦定理	$\dfrac{a}{\sin A} = \dfrac{b}{\sin B} = \dfrac{c}{\sin C} = 2R$

另一個表示角與邊關係的定理，由於cos是餘弦，所以稱為**餘弦定理**。這個定理的算式比較複雜。

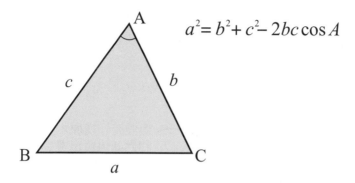

$$a^2 = b^2 + c^2 - 2bc\cos A$$

當然，也可以用角B（邊b）、角C（邊c）來計算，結果是一樣的，教科書中會列出三個角和邊，但由於三者相同，其實只要記住一個就可以了。

餘弦定理
$$\begin{cases} a^2 = b^2 + c^2 - 2bc\cos A \\ b^2 = c^2 + a^2 - 2ca\cos B \\ c^2 = a^2 + b^2 - 2ab\cos C \end{cases}$$

4-7　用木工角尺計算路徑

在森林伐木，得到下列圓木，這時，木匠如何知道這塊採伐下來的原木，可以製成多粗的柱子？

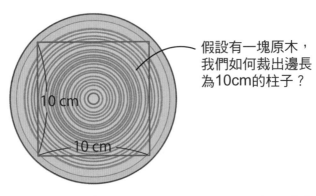

假設有一塊原木，我們如何裁出邊長為10cm的柱子？

10 cm

10 cm

木匠測量原木，不是用直尺測量，而是使用「**直角尺**」（木工角尺），如次頁圖的L字型工具。這個直角尺，濃縮了職場達人所孕育的智慧。

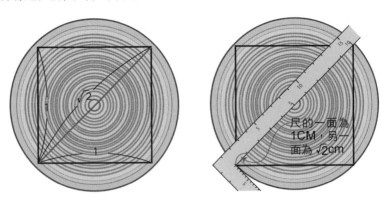

尺的一面為1CM，另一面為√2cm

　　首先我們來認識有趣的「1:1:√2」。如前頁圖，等腰直角三角形，三邊的比為1:1:√2。所以，如果要裁成邊成為10cm的柱子，對角線毫無疑問是10√2=14.14………cm。

　　當我們用直角尺來測量對角線時，會發現直角尺不可思議地顯示「10cm」，這是怎麼一回事呢？事實上，這種尺的間距就是1.414…，這種每單位間隔為1.414…的直角尺，在測量對角線時特別方便，可以立即量出柱子大小。

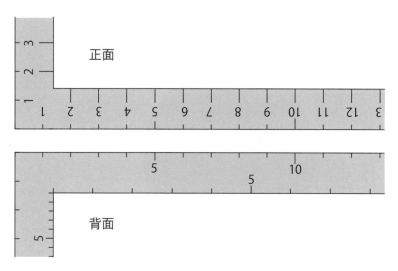

　　直角尺正面有正常尺寸的刻度，背面的刻度則是1.414……倍。正面為一般長度，翻到背面則搖身一變，成為可使用於對角線的便利工具。真是智慧的結晶。

不僅僅如此。直角尺背面單位雖是1.414，但在尺的正面，還有稱為「方刻度」（角目）、「圓周尺」（丸目）的測量單位。

方刻度是用來測量原木的直徑，可立刻知道能夠裁出多大的柱子邊長，如下圖可知為6cm多。

下圖中，直角尺正面左邊內側的量度，稱為圓周尺，這是用來測量原木直徑的刻度，可快速測量出原木的圓周。

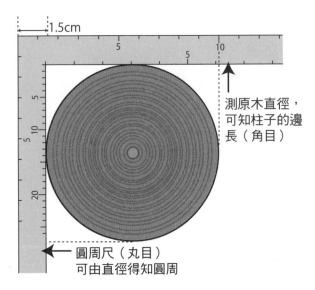

測原木直徑，
可知柱子的邊
長（角目）

圓周尺（丸目）
可由直徑得知圓周

這個原木測量得知為10cm，由圖中所見，必須減掉1.5cm，所以實際尺寸為8.5cm多。以8.5cm為直徑，所以知圓周為，

$$8.5cm \times 3.14 = 26.69cm$$

可以發現這個計算結果與圓周尺上所表示的刻度（圓周）一致。

　　另外還有一個活用法，可以用這把尺簡單切割出一定斜度的木材。將此木工直尺放到木材上，如下圖，直尺一邊為10cm，另一邊為3cm，也就是說形成了「**三吋傾斜**」，這是屋頂傾斜所使用的專門術語，指的是「水平為10、高度為3」，也就是是tan。

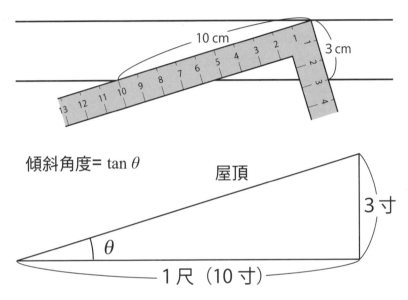

　　如果將10:3的比例，改成1:1，可以輕鬆製作出左右對稱的等腰直角三角形。此時兩底角分別為45度。另外還有水平10、高度5.7的「**五吋七分傾斜**」，可製作出角度30°的屋頂。當面向正南方的屋頂傾斜為30°時，太陽電池面板可以發揮最大功率（100%）。

　　雖然只是一把木工直尺，但可別小看它，這把尺可以在五金行買到，如果有機會可以拿來實驗看看。

畢達哥拉斯「派」定理？

　　畢達哥拉斯（西元前580年至西元前500年左右）出生於愛琴海薩摩斯島，為泰勒斯（西元前634年至西元前548年左右）之後的著名數學家。畢達哥拉斯吸收許多泰勒斯所傳承的知識，他到埃及留學之後，在義大利半島南端克羅頓設立了學校。

　　這間學校有點奇怪，在學校裡所學的內容，不能對外公開，學生也是由老師畢達哥拉斯親自尋找，諸多規則。所以，我們假設，畢達哥拉斯定理不一定是畢達哥拉斯本人所發現的，所以稱為「畢達哥拉斯派定理」比較正確。

　　畢達哥拉斯（派）除了發現畢達哥拉斯定理，還用平行線的內錯角（參見1-6節）來證明三角形內角和為180°（但傳說泰勒斯早已證明），並且證明以正多角形所組成的平面，正多角形只有「正三角形、正方形、正六角形」三種。另外，正多面體（表面以相同圖形組合而成的立體物）也只有「正四面體、正六面體、正八面體、正12面體、正20面體」五種。

　　具有如此多樣的數學偉業，但畢達哥拉斯派卻漸漸集權化、政治化，甚至也介入政權，因此許多市民開始對他們反感，造成畢達哥拉斯派常常受到攻擊，不少弟子與畢達哥拉斯本人後來都遭到暗殺。

第5章

輕輕鬆鬆學會體積

5-1 三角錐是角柱的 $\frac{1}{3}$，實際體驗！

「三角柱、四角柱、圓柱」等「柱體體積」是「底面積×高」。我們都曾在小學學過「三角錐、四角錐、圓錐」，「錐體積」為「柱體體積的 $\frac{1}{3}$」。這個規則成立的理由，是因為「將三角錐裝滿水，倒入三角柱中，將角柱填滿，正好需要三杯水量」。

但是，「錐與柱」的體積比，真的正好是3：1嗎？還是會跟3.14…一樣，出現無盡的尾數呢？若不確認看看，真令人有點擔心。

「圓錐→圓柱」的關係，可以簡單用積分說明。

但是，當積分遇到多角形的錐體，會變得比較複雜。

因此，在此我們不用積分，一起來用簡單的方法，讓所有人都能夠瞭解，從幾何的角度思考「三角錐的體積是三角柱的體積的 $\frac{1}{3}$」這個謎題吧！

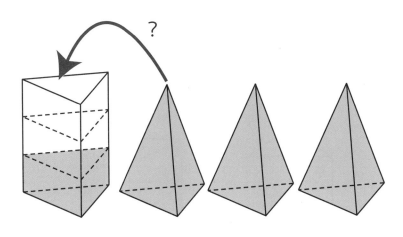

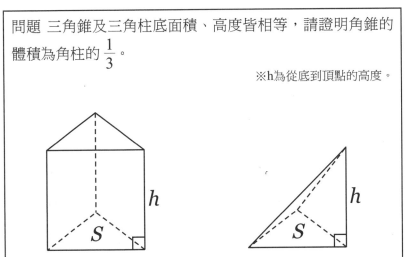

問題 三角錐及三角柱底面積、高度皆相等，請證明角錐的體積為角柱的 $\dfrac{1}{3}$。

※h為從底到頂點的高度。

　　我們先來看看是否可將三角柱分解成三個角錐體。這裡需要特別注意兩點，首先，第一點是**角錐體的體積由「底面積與高度」來決定**，從這個角度開始思考（這一點會出現在後面的**卡瓦列里原理〔Cavalieri's principle〕**）。也就是說，只要底面積、高度相等，三個角錐的體積就相等。所以，如果將三角柱分解成三個角錐體，即使形狀並不完全相同，只要底面積和高度相等，就可以證明三個角錐體的體積相同。

第二點要注意的是繪製三角柱的方法。若描繪三角形時太粗糙,即使圖形繪製完成,也不能幫助思考。

例如,畫成如下方左圖,無法清楚看出三個三角錐究竟如何配置,令人一頭霧水。

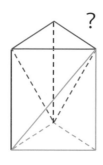 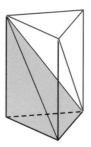

以容易理解的
方式來畫圖。

畫出圖形,是要讓我們「看圖幫助思考」。

在角柱的三個側面,若有一側面以正面對著你,看起來就像一個長方形,不容易加以分割。

因此,請如上圖右邊三角柱的繪製法,將三角柱稍微轉向,轉到能看見兩個側面即可。這樣一來,就比較容易看清楚。

如次頁右上圖,一開始先切割成ABF面,形成以ABC為底面,頂點為F的三角錐ABCF (1)。接著從AEF面切割,形成三角錐AEBF (2) 和三角錐ADEF (3)。

我們先來比較 (1) 和 (3),這兩個三角錐的底面積,就是原三角柱的底面積,高度也和原三角柱相同,所以可知這兩個三角錐體積相等。即

(1) = (3)

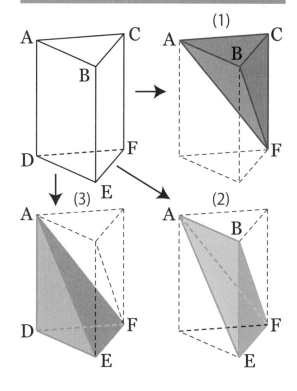

分割成三個三角錐

接下來，試比較三角錐 (2) 和 (3)。

將三角錐 (2) 想成底面積 AEB、頂點F的三角錐，而 (3) 為底面積ADE，頂點 F 的三角錐。

這樣一來，這兩個三角錐的底面積AEB和ADE就可假想成將長方形ADEB沿對角線對半切的圖形，因此 (2) 和 (3) 的底面積相等。

由於兩個三角錐底都在同一平面上，頂點皆為 F，所以高度相同，因此，兩三角錐相等。即

　　　(2) = (3)

根據以上結果，我們可以說這三個三角錐的關係是

　　　(1) = (2) = (3)

若三角柱與三角錐具有相同底面積，相同高度，可知「三角錐的體積，為三角柱體積的三分之一」。

卡瓦列里原理

「面積不變，簡化圖形」第二章我們討論過這一點。而在這裡提到的卡瓦列里原理也是以簡化的圖形來思考，是一個非常方便的原理。

卡瓦列里原理可以應用在面積，也可以用在體積，兩者思考原理相同。首先來說明面積吧！

次頁上圖是日本地圖與變形圖。我們都知道，把畫在紙上的地圖重新切割、排列，總面積並不會改變。

因此，我們可以說：

卡瓦列里原理— (1) 平面
有兩個圖形，分別以同樣固定的間距畫上平行線，若對應的部分長度相等，可知兩圖的面積也相等。

根據卡瓦列里原理可知，即使是像次頁正中央和下方的圖形狀不同時，只要：(1) 畫出平行線，(2) 測量圖形在平行線上的長度（對應部分的長度）是否相同，則可知「兩個圖形面積是否相等」，即使形狀不同也無妨。

另外，即使長度不同，若其比例「保持2：3」，面積也會是2：3。

接著我們來看看立體的情況。

卡瓦列里原理（1）平面

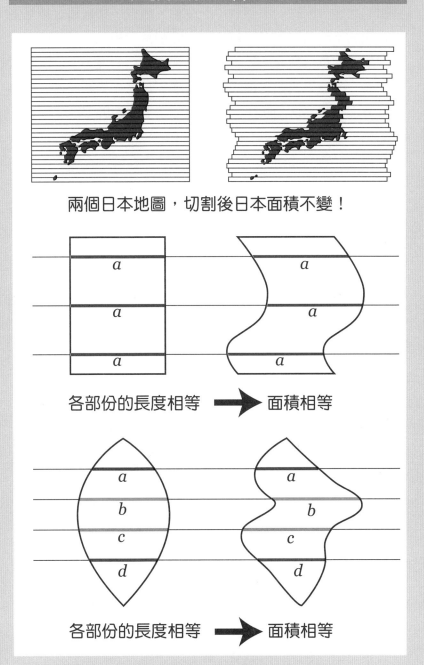

兩個日本地圖，切割後日本面積不變！

各部份的長度相等　➡　面積相等

各部份的長度相等　➡　面積相等

115頁上圖是不倒翁。現在，從側面敲擊不倒翁，變成如右圖的狀態。原先的不倒翁（上左圖）體積，和敲擊之後呈歪斜狀態的不倒翁，兩者比較起來，體積當然相同。

撲克牌也一樣。如果將排列整齊的撲克牌堆（下左）稍微弄歪斜，就會變成如右邊的撲克牌堆。常可見魔術師得意地將撲克牌堆弄成右邊的狀態，然後說「請抽一張牌」。

如果要問「請求出右圖的面積」可能會覺得很困難，但如果你知道左邊的體積等於右邊，只要求出左邊的立方體，就能知道答案。

無論是不倒翁還是撲克牌，只要任何對應部分不變，體積也就不變。

總而言之，在卡瓦列里原理中，立體的情況是：

卡瓦列里原理— (2) 立體

有兩個立體圖形，在不同平面上進行切割時，只要各面面積相等，兩圖形的體積也相等。

這裡和平面的情形一樣，只要兩個圖形「面積為2：3呈一比例，則體積也是2：3」。由此可見，卡瓦列里原理是一個非常方便的方法。

使用卡瓦列里原理，就算再複雜的圖形也能簡化，再麻煩的證明也能輕鬆證明。

因此，我們試著在下面的題目中，利用卡瓦列里原理來求出球的體積吧！

卡瓦列里原理（2）立體

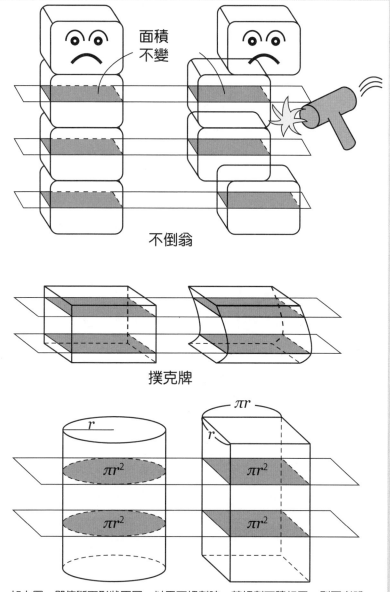

如上圖，即使斷面形狀不同，以平面切割時，若切割面積相同，則兩者體積也相同。

5-3 用卡瓦列里原理求出球體積！

本節就來運用卡瓦列里原理。已知球體積公式為，

$$球體積 = \frac{4}{3}\pi r^3$$

下圖中的①是在圓柱中的圓球（求出此圓球的體積），②是從相同圓柱中取出圓錐體（上下各取一圓錐）後留下的柱體，請思考這兩個不同的物體。

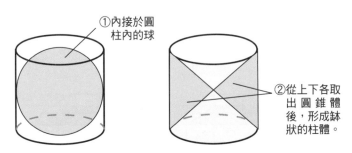

①內接於圓柱內的球

②從上下各取出圓錐體後，形成缽狀的柱體。

阿基米得發現，「這顆球和缽狀柱體的體積相等」，至於真相究竟如何，我們可以利用卡瓦列里原理來求證。

為了容易理解，我們只取圖形的上半部，也就是①的上半球及②的上半缽來比較。由於兩者都是從距離底面a的地方切開，根據畢達哥拉斯原理，①的半徑為

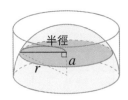

半徑

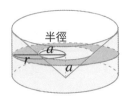

半徑

（半徑）$^2 = r^2 - a^2$，即半徑$= \sqrt{r^2 - a^2}$

①的切面面積 S_a 為

$$S_a = \pi \left(\sqrt{r^2 - a^2} \right)^2 = \pi (r^2 - a^2) \cdots\cdots 球體的剖面積$$

接下來，②的圓錐體的切面呈「甜甜圈形」，這樣一來，切面面積 S_b 就是（大圓面積－小圓面積）。因此，

$$S_b = \pi r^2 - \pi a^2 = \pi (r^2 - a^2) \cdots\cdots 挖去圓錐體後的剖面積$$

因兩者剖面積相等，依據卡瓦列里原理，我們可得知「①和②的體積相等」。

關於「求出球體積的方法」，請參閱這一節的漫畫解說。只要知道卡瓦列里原理，再困難的問題都能輕鬆解題。

此外，卡瓦列里原理並不只能解「圖形相等」的情況，如果長度呈固定比例（例如 $a:b$），面積就會呈現一定比例。例如，橢圓為圓的 $\dfrac{b}{a}$ 倍（$a:b$），則

$$橢圓面積＝（圓面積）\times \frac{b}{a} = \pi a^2 \times \frac{b}{a} = \pi ab$$

因此不管橢圓從哪個部分切開，都能用圓面積推算出橢圓的面積。

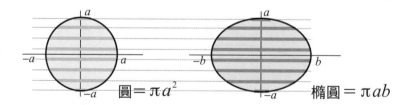
圓$= \pi a^2$　　　橢圓$= \pi ab$

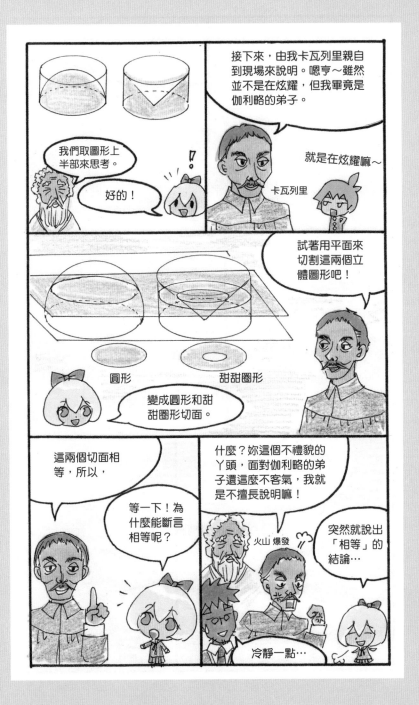

5-4 如何計算球的表面積

　　從圓柱、圓錐來求球體積的方法，感覺有點困難，那如果從球的表面積來想呢？

　　將球表面積的一小部份設為S_1，想成是高度＝球半徑（r）的錐體（S_1、S_2……），這個錐體的體積是，

$$\frac{1}{3}S_1 r$$

　　這樣一來，球的表面積 S 就由無數的 S_1、S_2、S_3……等錐體集合。

$$S = S_1 + S_2 + S_3 + \cdots\cdots + S_n$$

另外，球的體積為，

$$\frac{1}{3}S_1 r + \frac{1}{3}S_2 r + \frac{1}{3}S_3 r + \cdots\cdots + \frac{1}{3}S_n r$$
$$= \frac{1}{3}Sr = \frac{4}{3}\pi r^3$$

整理後可得，

$$S = \frac{4}{3}\pi r^3 \times \frac{3}{r} = 4\pi r^2$$

可知表面積為 $4\pi r^2$。

　　據說，在阿基米得的墓碑上寫著「球和外接於球的圓柱之間，無論是體積還是表面積，比例都是2:3。」由於圓柱的表面積是$6\pi r^2$，因此球的表面積和體積一樣，是外接圓柱的$\frac{2}{3}$。

計算球的表面積

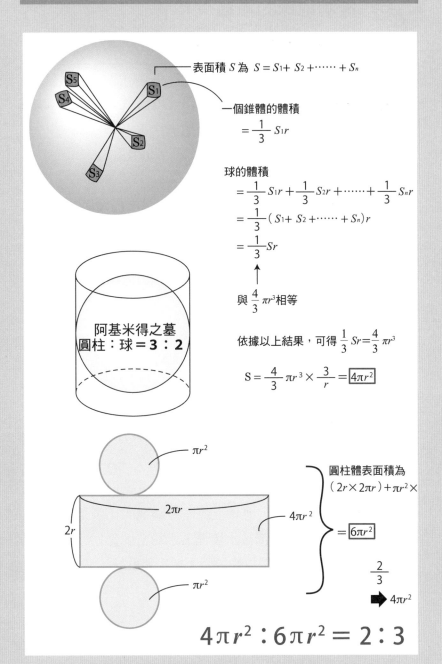

表面積 S 為 $S = S_1 + S_2 + \cdots\cdots + S_n$

一個錐體的體積
$$= \frac{1}{3} S_1 r$$

球的體積
$$= \frac{1}{3} S_1 r + \frac{1}{3} S_2 r + \cdots\cdots + \frac{1}{3} S_n r$$
$$= \frac{1}{3} (S_1 + S_2 + \cdots\cdots + S_n) r$$
$$= \frac{1}{3} S r$$

與 $\frac{4}{3} \pi r^3$ 相等

依據以上結果，可得 $\frac{1}{3} S r = \frac{4}{3} \pi r^3$

$$S = \frac{4}{3} \pi r^3 \times \frac{3}{r} = \boxed{4\pi r^2}$$

阿基米得之墓
圓柱：球 = **3：2**

πr^2

$2\pi r$

$2r$

$4\pi r^2$

πr^2

圓柱體表面積為
$(2r \times 2\pi r) + \pi r^2 \times$
$= \boxed{6\pi r^2}$
$\frac{2}{3}$
➡ $4\pi r^2$

$$4\pi r^2 : 6\pi r^2 = 2 : 3$$

5-5 推測地球的重量

問題　利用球的體積公式及地球半徑，推測出地球的重量。
另外，請描述推論出的結果及根據。其中水、二氧化矽、鐵
的密度是以水密度＝1為參考標準，依序為1、2.2、7.8。
　　　體積公式：$\dfrac{4}{3}\pi r^3$（半徑 $r = 6400\text{km}$）

這道題目可能是曾經流行過的智力測驗。「幾何」原先就
是一門實用的科學，所以請試著挑戰看看吧，這一題可說是地
理、地球科學等相關學科的集大成呢。

接下來，我們就依照順序，先 (1) 求出地球體積、(2) 從
體積推算出重量。

地球體積，以半徑＝6400km代入公式。

$$\frac{4}{3}\pi r^3 = \frac{4}{3}\pi(6400(\text{km}))^3 = 1,097,509 \times 10^6 (\text{km}^3)$$

由於題目中沒有寫出地球的平均密度，所以無法求出重
量。因此，我們可以使用一個原理來推測地球重量，只要求
出的值與真實相差不遠即可。這時有三個人，A君、B君、C
子，他們分別想出了一個辦法。

①A君說……因為「地球上海洋跟陸地的比例是7:3」，
可以先想像成地球上全都被水填滿。水的密度是1，所以求體
積比較輕鬆。只要小心單位換算時不要出錯就好。

②B君說……我記得有一個「克拉克值」，學過地球科學的人應該知道，在地殼中含量最多的元素是氧、接著是矽。然後，由於地球岩石是由二氧化矽為主組成的，因此只要想成「地球是由二氧化矽（SiO_2）組成的」不就好了嗎？所以比水還重。

③C子說……你們太天真了。無論是地表還是地殼，對地球而言那些都只是表面的東西，在地球的中心，是由許多熔化的鐵所組成，所以應該說「地球是由鐵組成的」才對！只是，如果全部都是鐵，未免也太重了，減少一些比例就好。

看來，每個人的主張都有道理，那就讓我們採用這三種不同方法，各自計算看看吧。

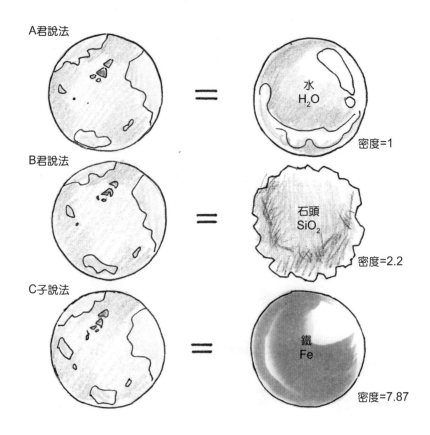

A君說法

＝

水
H_2O

密度=1

B君說法

＝

石頭
SiO_2

密度=2.2

C子說法

＝

鐵
Fe

密度=7.87

①A君的說法（地球＝水）

如果要換算成水來代表，$1cm^3$即為$1g$，這個很容易。但是，就如A君所指出的，單位換算是非常複雜的，譬如，我們可以算出「$1km^3$＝幾噸」，但是我們無法直覺說出答案。所以，我們先來慢慢的計算看看。

$1cm^3=1g$

$1000cm^3=1000g=1kg$（約一公升寶特瓶）

$1m^3=(100)^3cm^3=106\ cm^3=1000kg=1t$（因$100cm=1m$）

$1km^3=(1000m^3)^3=10$億$t\cdots\cdots$ (1)　　　　　　※水的情況

如果把答案 (1) 試著與地球體積（$1,097,509 \times 10^{6}$）相乘，會變成什麼樣子呢？

$$1,097,509 \times 10^{6} \times 10^{9} \, t = 1.098 \times 10^{21} t$$

這就是A君的答案。

$$1.098 \times 10^{21} t \times 2.2 = 2.42 \times 10^{21} t$$

②B君的說法（SiO_2）

上述的①，是以水（H_2O）為基礎計算出來的，所以，接下來的計算只要跟水比較即可。二氧化矽的密度為2.2，因此，若「地球是由二氧化矽（SiO_2）組成」，則地球的重量為

$$1.098 \times 10^{21} t \times 7.87 = 8.64 \times 10^{21} t$$

③C子的說法（鐵=Fe）

同樣的，鐵的密度為7.87。因此，若假設「整個地球是由鐵組成的」，地球的重量為

就如C子所說的，地殼只是地球的表面，即使海與陸地比為7:3，也只是在表面罷了。但是體積卻無法完全忽略。

按照C子說的，我們減去一些重量吧。

若取②和③的平均值，約為「5.53×10^{21} t」，也就是約為「5.53×10^{24} kg」（$\dfrac{2.42+8.64}{2}=5.53$）。

實際上查一下資料，地球重量約為5.9736×10^{24} kg。「幾何」原先就是從「測量」的實用出發，因此偶爾也可以試試看，思考一下如何去接近實際狀況。

請解出下面的問題:

問題　求出下面的山(島)在水面上的體積。

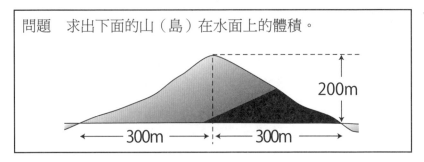

小島和山一樣,體積究竟如何測量呢?

最簡單的方法是,用圓錐的體積算出來。由於錐形體積為同底面積、同高度的柱體的 $\frac{1}{3}$,所以,

$$山的體積 = \frac{1}{3}Sh = \frac{1}{3}\pi r^2 h = \frac{1}{3}\pi \times (300)^2 \times 200$$
$$= 18,840,000 \text{m}^3$$

如果這個題目是要求出富士山(高3776m)的體積中,高度超過1000m的部份,該怎麼做呢?從次頁下圖可知,我們可以將富士山看成「半徑12.5km的圓錐體」,即

$$\frac{\pi r^2}{3}h = \frac{\pi (12.5)^2}{3} \times 2.776 = 453.99 \fallingdotseq 454 \left(\text{km}^3\right)$$

但山的邊緣並不平整,如果依照圓錐體來計算,求出答案的精準度很有可能降低。接下來我們要介紹利用等高線和圓錐平台的計算方式,以達到較高精確度。

故④號圓錐平台的體積 $= \dfrac{S_1 + S_2 + \sqrt{S_1 S_2}}{3} h$

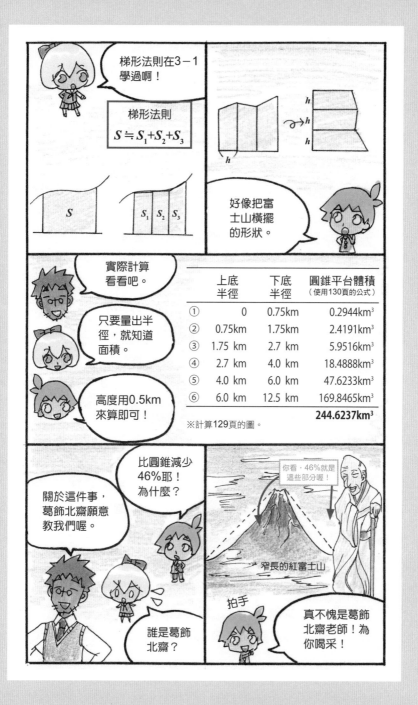

梯形法則在3−1學過啊！

梯形法則

$$S \doteqdot S_1 + S_2 + S_3$$

好像把富士山橫擺的形狀。

實際計算看看吧。

只要量出半徑，就知道面積。

高度用0.5km來算即可！

	上底半徑	下底半徑	圓錐平台體積（使用130頁的公式）
①	0	0.75km	0.2944km³
②	0.75km	1.75km	2.4191km³
③	1.75 km	2.7 km	5.9516km³
④	2.7 km	4.0 km	18.4888km³
⑤	4.0 km	6.0 km	47.6233km³
⑥	6.0 km	12.5 km	169.8465km³
			244.6237km³

※計算129頁的圖。

比圓錐減少46%耶！為什麼？

關於這件事，葛飾北齋願意教我們喔。

你看，46%就是這些部分喔！

窄長的紅富士山

誰是葛飾北齋？

拍手

真不愧是葛飾北齋老師！為你喝采！

關 孝和──將日本特有的和算，提高至世界級

　　將江戶時代的日本和算（日本算術），提高至世界級的人，是稱作「算聖」的關 孝和（約1640～1708年）。他與牛頓、萊布尼茲是同期的數學家。

　　孝和從小就被關家收養為子，後來擔任幕府會計監督一職。據傳孝和對於當時吉田光由所著的《塵劫記》一書很有興趣，他以中國的數學書為教本，獨力學習。後來，他發明了將中國「天元術」（解出一個未知數的方程式）加以改良的「點竄術」，並撰寫《發微算法》，想出多個未知數（聯立方程式）解題的方法，奠定了和算發展的基礎。

　　孝和的貢獻由他優秀的弟子繼承，其中以建部賢弘最為優秀，他不僅出版發揚孝和思想的數學書《發微算法演段諺解》，並且獨力發現求取圓周率的公式，讓日本的和算更進一步地發展，使得關流成為和算的一大勢力。

　　江戶時代，以《塵劫記》為首的數學書，掀起了爆炸性的熱潮，在各種出版刊物上出現各種難題，「遺題繼承」廣為流傳，形成一股風潮，被當時人們視為無上的享受。

　　即使是21世紀的現在，每當我看見書店擺滿了為數眾多的數學書，我就會想起日本人從江戶時代便綿延不絕地傳承下來的、「喜歡數學」的遺傳因子。

第6章

圖形的全等與相似

6-1 全等與相似的誤解

「同樣的形狀、且同樣的大小」，此種狀況在數學稱為「全等」。如果形狀相同但大小相異，則稱為「相似」。

次頁上圖中，①、②和原圖相同，只要將①旋轉就可以看到，②則是左右翻轉則與原圖相同，所以也是「全等」。

也就是說，只要用「移動」、「旋轉」或「左右翻轉」等方式，就可以成為「相同形狀」，這種情形就是屬於「全等」。「左右翻轉非全等」這是很大的誤解。

相似指的是「雖然形狀相同，但大小不同」。右頁中，③與④相似，⑤則是大小完全相同，所以是全等。全等則非相似。

在此要特別說明，相似指的並不是「大小不相同」而已，即使「相異」也屬於相似，甚至大小相同也是相似。所以，全等可說是相似的特殊情況。「全等不等於相似」這句話也錯，全等是相似的一種。因此，⑤也請列入相似。

另外，「全等與相似並非只限於三角形」。由於國中小教材中「全等條件及相似條件」是以三角形來說明，比較容易理解，但任何圖形都有全等與相似。

在圖形中，所有的圓都相似，拋物線也都是相似圖形（後面會說明）。有一種稱為「碎形」的「自我相似性」，指的是一部分的圖形與整體相似，可見世界真奇妙。

全等與相似的世界，真是廣闊啊！

「全等」是什麼？——左右翻轉是全等嗎？

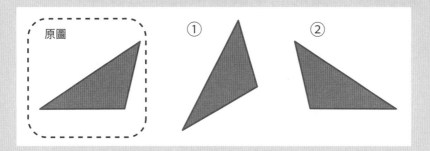

「相似」是什麼？——全等是「相似」嗎？

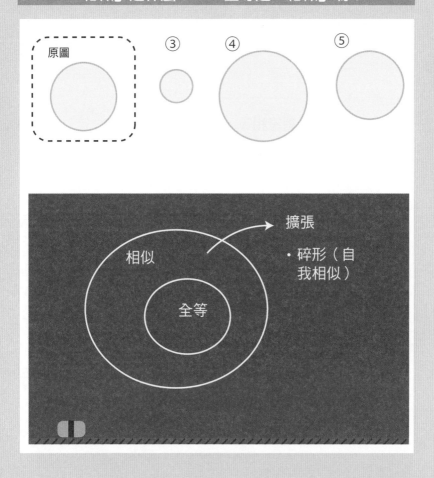

6-2 三角形的全等條件與相似條件

解開全等與相似的「誤解」之後，讓我們來確認一下具有代表性的三角形全等條件。既然說「全等為相似的特殊狀況」，所以「從一般性的相似開始說明」，似乎比較容易。但特殊性的案例一般而言通常比較容易辨識。

● 三角形的全等條件

三角形的全等條件為：①三邊長對應皆相等。因為三邊長可以決定三角形的「形狀和大小」。（四邊形則為，即使四邊相等，也可能形狀不同，例如正方形或菱形，因此無法以邊長來決定。）

②兩邊與夾角對應相等。兩邊與夾角也可以決定三角形的「形狀與大小」。若兩邊長相等，若夾角相同，對邊的長度則固定。於是變成與①同樣的情形。

③兩角與夾邊對應相等。雖然只有一邊相同，但兩的角若相同，第三邊也會等長，與①同。當然，在此只考慮三角形內側的角，不談外側的角。

只要符合這三個條件的任何一個，就可稱為「全等三角形」。

● 三角形的相似條件

接下來，可以稱為「兩個三角形相似」的條件是什麼呢？

三角形的全等條件

① 三邊長對應相等。
② 兩邊與夾角對應相等。
③ 兩角與夾邊對應相等。

三角形的相似條件

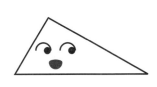

① 對應邊成比例。
② 一對應角相等，且兩夾邊對應成比例。
③ 對應角相等。

　　全等必須是「形狀與大小」相等，而相似則「大小」不同也可以，因此只要注意「形狀」即可。

　　也就是說，「邊的長度」不重要，重要的是「構成邊的角度」，才是「形狀」相同的必要條件。以全等的條件來說，也就是全等的條件①與②。如果是「對應邊的比例相同」則沒有意義。另外，在三角形中，若兩個角相等，剩下一個角也會相等。

全等條件如上所述，只要三角形的三邊的長確定，就會馬上確定全等。

相對來說，四邊形即使四邊決定了，但是由於角度不同，可能會變成正方形、菱形、平行四邊形等各種形狀。在建築上，正因如此，才會將補強柱加入四邊形的牆壁，就是這個原因。

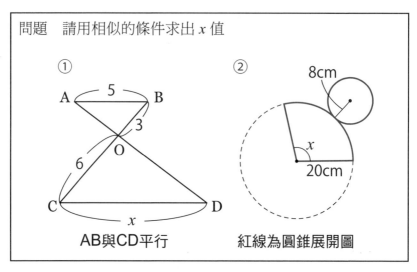

問題　請用相似的條件求出 x 值

①

AB與CD平行

②

8cm

x

20cm

紅線為圓錐展開圖

在這兩個問題，都要運用「相似」的條件來解答。試試看吧！

首先我們來看①。請注意上下兩個三角形為相似。

由於AB與CD平行，內錯角相等，因此：

$$\angle OAB = \angle ODC \qquad\qquad \angle OBA = \angle OCD$$

因為兩對應角相等（三角形相似條件③），所以兩三角形相似。由於「對應邊成比例」，

$$\frac{5}{x} = \frac{3}{6}$$　因此，　$x = 10$

以相似條件解②，應該怎麼做呢？請看下面的解答。

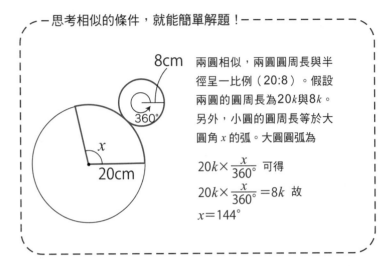

相似條件可以簡化解題方式。如果我們「不使用相似」，來解題看看吧！

大圓的扇形弧：大圓圓周＝ x:360°…… (1)

大圓的扇形弧＝小圓圓周………………… (2)

兩者皆等於「大圓的扇形弧」，以公式計算為：

（大圓直徑）$\times \pi \times \dfrac{x}{360°}$，因與小圓圓周相等，所以

$$40\pi \times \frac{x}{360°} = 16\pi$$

即，　$x = \dfrac{16\pi \times 360}{40\pi} = 144°$

利用相似測量金字塔高度

利用相似比例，可進行高度的測量，這就是用來測量金字塔高度的方法。

泰勒斯（公元前634年～公元前548年左右）造訪埃及時，曾用一根棒子測出金字塔高度，不妨試試解開這個謎題吧！

問題　胡夫王的金字塔，底面為邊長230m的正方形，如圖。有一長度為1m的棒子，影子為1.5m，金字塔的影子從底邊算起為104m。試求金字塔的高。

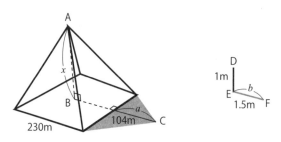

104m的影子，只是金字塔全體影子的一部份。我們要考慮金字塔也有影子，只是被金字塔擋住。因此，實際的金字塔影子長度為：

$$104＋230÷2＝219〔m〕$$

$$x:1=219:1.5 \quad ，求得 \quad x=\frac{219}{1.5}=146$$

故金字塔的高為146m。

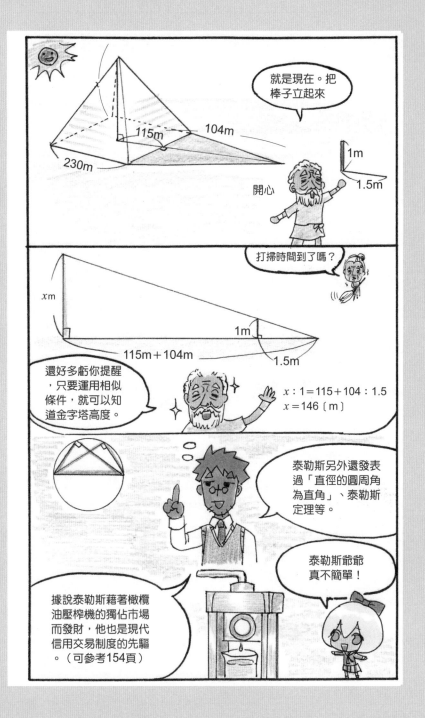

6-4 以「空間圖形比」求出金字塔高度

上一節我們學到，在太陽光照射金字塔時，如何由金字塔底面測量影子長度。重點在於，要注意影子的一部份在金字塔內部。而且，如果想知道影子的正確長度，太陽必須恰好位於金字塔的正後方，使影子方向剛好垂直於金字塔底面，否則就不能測量。

但是，這樣一來，角度必須抓得剛剛好才行。有沒有比較容易的測量法呢？因此誕生了「空間圖形相似比」的測量法。首先測量太陽在次頁中圖A位置時金字塔的影子位置，以及長為1棒子的影子位置，然後再測量太陽在B位置時兩個影子的位置。由A、B兩點與金字塔和棒子頂點所形成的三角形，兩個三角形相似，假設比例為s：t。因此，

$$\frac{s}{t} = \frac{x}{1} \quad （x 為金字塔的高度） \quad \therefore x = \frac{s}{t}$$

這樣一來，就不需要擔心「光線射到金字塔時，必須以直角射入底面」這個前提。

另外還有一個方法，是「測量金字塔斜邊與一底邊，再用畢達哥拉斯定理計算，就可算出高度」，但金字塔為大型巨石結構，測量起來很不容易。泰勒斯（西元前634年～西元前548年左右）生於畢達哥拉斯（西元前580年～西元前500年左右）之前。而且，畢達哥拉斯學派將定理保密，懂得的人並不多。（也有一說認為畢達哥拉斯定理在古代就已經出現）。泰勒斯對於天文學與測量學方面特別有專長，曾經預言過日食（請見141頁）。

兩次測量影子的「空間圖形比」

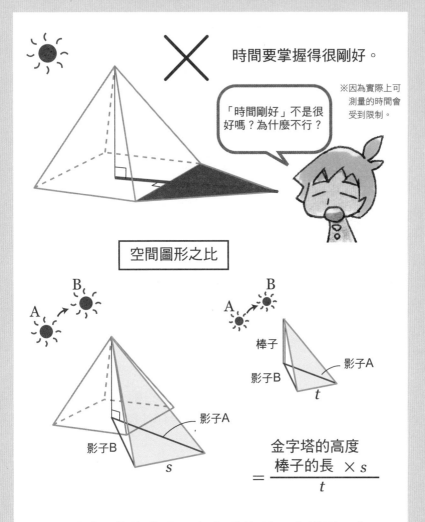

時間要掌握得很剛好。

※因為實際上可測量的時間會受到限制。

「時間剛好」不是很好嗎？為什麼不行？

空間圖形之比

B
A

棒子
影子A
影子B
t

B
A

影子A
影子B
s

$$= \frac{\text{金字塔的高度}}{\text{棒子的長}} \times \frac{s}{t}$$

太陽由A→B移動時，金字塔的影子也從影子A→影子B移動。由於影子有一部分在金字塔內，雖然無法測量影子長度，但◁▷的部分相似，因此，只要得到s與t，就可以求出金字塔的高度。

145

6-5 用棉紙測量樹的高度

在日本江戶時代的數學書《塵劫記》（吉田光由著）中，出現過以「棉紙」測量樹木高度的問題，在此介紹如下。將棉紙裁成一個「直角等邊三角形」，若△ABC與棉紙△ADE相似，此時，由於AB＝BC，可求出樹的高度。

①準備棉紙。

②對折。

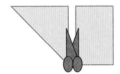

③剪下後，呈直角等邊三角形。

最後還要加上測量者眼睛的高度。

德國考古學家謝里曼，曾在中國清朝時代，訪問過幕府末期的日本。訪問期間，謝里曼觀察到一個日本人的習慣：「（擤完鼻涕後）將鼻涕紙放進袖子裡，出去的時候再丟棄。相比之下，我們卻好幾天都帶著同樣的手帕，想想真驚人。」因此認為日本人喜愛乾淨。這段觀察可以在《謝里曼旅行記——清朝與日本》一書中看到。

如果謝里曼知道，「用棉紙可以測量樹的高度」這件事是由日本人所想出來的，或許會更喜歡日本。

樹的高度，用對摺的棉紙來測量

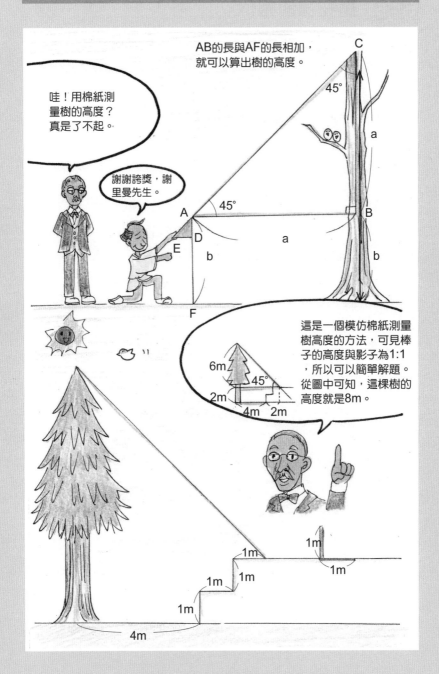

6-6 拋物線皆相似

一提到相似，大家會聯想到三角形，但如6－1提過，「拋物線」全部都相似。

以下列兩條拋物線

$$y = x^2 \qquad\qquad y = 2x^2$$

設為①與❶並比較之。從次頁圖中可以看見，兩條拋物線弧度明顯不同，看起來似乎並不相似。

但是，若我們將 $y = x^2$ 的圖，長寬都縮小 $\dfrac{1}{2}$（把距離變小），可以看見，兩條拋物線變得完全相同。

相似指的就是變大或縮小時，形狀會變得相同，這些相似的形狀，並非一定是三角形等多角形，也可以是圓或拋物線等。

相信一定有人會感到不可思議，我們可以看次頁圖中，圖形下方都有方格可以比對。

比較 $y = x^2$ 與 $y = 2x^2$ 兩個圖形，可發現因為❶與①的格子大小相同，因此兩者顯得不同。但改變比例之後，再來比較❶和②，就可以發現兩圖其實相同。

再以方程式 $y = 3x^2$，與 $y = x^2$ 的圖形作比較，若將 $y = x^2$ 的長寬都縮小 $\dfrac{1}{3}$，就會與 $y = 3x^2$ 的圖形相同。如果是 $y = \dfrac{1}{2}x^2$ 的圖形，則是長寬都增為兩倍即可相同。

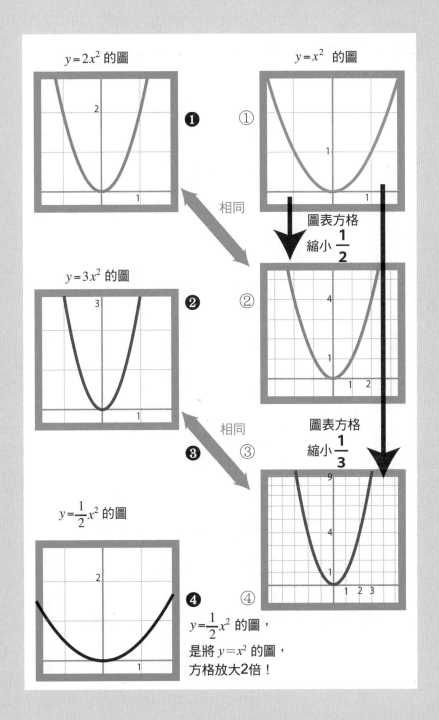

6-7 線對稱、點對稱

「相等」的圖形經過旋轉、移動，其中，「以原點為中心旋轉180°」特稱為「**點對稱移動**」。點對稱移動後的圖形，依然與原圖相等。

除了點對稱移動，還有一種線對稱移動。「**線對稱移動**」是以垂直線或平行線為軸，將圖形「對稱」。線對稱移動前後的圖形，稱為「**線對稱圖形**」，若以對稱軸為準折疊，兩圖會完全疊合。

以圖形來說，正方形可以有四個軸重疊，因此對稱軸為4條。

問題　下列圖形之間的關係，是點對稱或線對稱？
①長方形　②正三角形　③圓形　④平行四邊形　⑤梯形

將②的正三角形旋轉180°依然為正三角形。因此點對稱為①③④，線對稱為①②③（但等邊梯形為線對稱）。

問題　下列圖形具有幾條線對稱軸。
①正方形　②長方形　③正三角形　④等邊三角形
⑤圓形　⑥橢圓形　⑦半圓　⑧菱形　⑨平行四邊形
⑩梯形

請見次頁圖形並思考，①4條 ②2條 ③3條 ④1條 ⑤無數條⑥2條 ⑦1條 ⑧2條 ⑨0條 ⑩0條（等邊梯形為1條）。

點對稱移動與線對稱移動

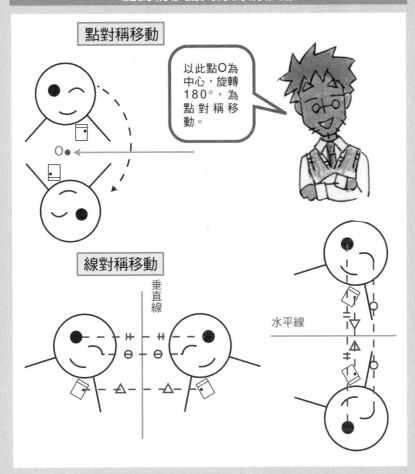

線對稱圖形，與對稱軸數

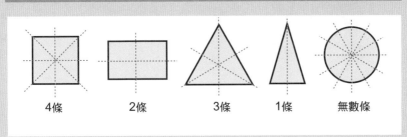

6-8 徽章設計的對稱性問題

對稱圖形簡單又漂亮，在設計上受到廣泛的運用，徽章就是典型的例子。下頁圖中有20個日本家徽與市徽，請分別判斷圖形是線對稱圖形，還是點對稱圖形。

⑤是「算籌」，是一種在算盤發明前所使用的計算工具，⑪代表魚鱗，與出現在第8章中的謝爾賓斯基三角形很相像。

徽章的設計經常會用到「重複」，這種設計大多都不是線對稱，而是點對稱。

日本的市徽，看起來像是圖形，但其實很多都是「市名的設計」。

例如福岡市的市徽，裡面含有9個「フ」字，因此意思就是「フク」（福九，日文音同「福」字）。札幌的市徽，看起來像是線對稱，但中間並不是一個圓，而是表現札幌的「札」字，與「サッポロ（札幌）」的「ロ」字。橫濱的市徽看起來雖然既是線對稱，又是點對稱，但只是將「ハマ」（濱）字經過設計，並不符合這兩種對稱。

答案　線對稱的家徽與市徽 ④、⑤、⑪、B、D、E、F、G、
　　　H
　　　點對稱的家徽與市徽 ②、③、④、⑤、⑥、⑧、⑩、B
　　　兩者皆非的家徽與市徽 ①、⑦、⑨、⑫、A、C

請將下列家徽圖案，分成線對稱或點對稱

①左三巴

②螺絲四眼

③左萬

④丸內一石

⑤丸內算籌

⑥相反釘拔

⑦三個閃電菱

⑧四個組合相異折疊

⑨老鷹羽毛交叉

⑩六個重疊星

⑪三盛三鱗

⑫桐壺

請將下列市徽圖案，分成線對稱或點對稱

A 札幌

B 東京

C 横浜

D 千葉

E 大阪

F 京都

G 神戶

H 福岡

數學家泰勒斯的智慧

「世界第一位數學家」，著名的泰勒斯（西元前634年左右～西元前548年左右），同時也是希臘七賢者之一。泰勒斯不只提出「兩邊相等的三角形，底角相等」、「直徑對邊的圓周角是直角」、「三角形的內角和為180°」等數學證明，對於測量術、天文學等方面也具有深入的認識，有許多軼事流傳。

例如，他會利用天文學的知識，事先預知橄欖是否會豐收，並且發明一台橄欖油壓榨機，獲得許多報酬，可以說是近代信用交易的原型。

有一次他太專心仰望夜空，結果不小心掉到水溝裡，被老婆婆嘲笑「你可以認識那麼遙遠的宇宙，卻不知道眼前的事物。」。

其他還有一些小插曲，可以讓人認識這位賢者。泰勒斯原本是個商人，有一次，他讓驢子背著鹽，到城裡去賣，途中，驢子不小心在河裡跌倒，背上駄的鹽都溶化流走了。隔天，泰勒斯又驅著驢子經過同樣的河，這次驢子故意跌倒，鹽又流走了，於是驢子知道鹽流走，行李會減輕。

沒想到下一次泰勒斯卻讓驢子背著海綿，他們如之前一般來到河邊渡河，驢子故意跌倒，沒想到海綿大量吸水，行李反而變重。從此之後，驢子再也不會在河裡跌倒了。

第7章

用積分求曲線面積

7-1 估計數學島的面積

問題　下面的島是一座浮在太平洋中的數學王國—數學島，請試估計此島面積。

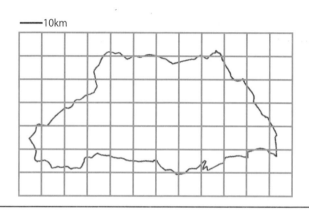

　　由於這問題只需要「概算」就可以，所以我們就用數格子的方式來求面積。

　　相信大家都有看過類似的題目，如果第一次看到，的確會讓人不知如何解題。這種解題法，並不是運用計算來求出數字解答，所以我們就輕鬆、隨性地進行下去吧。

　　請依下列步驟進行，

　　①計算島圖形內的完整方格數目。

　　②計算方格內有島圖形線條的數目，即使線條只有一點點。

　　這一節中，如何處理②是這個問題的重點，我們不知道究竟「兩格加起來算一格面積」，還是「三格加起來算是一格面積」等，感覺好像沒有計算標準，會令人想要放棄。

　　我們算出，「計算方格內有島圖形線條的數目，即使線條只有一點點」這樣的格子有38格，

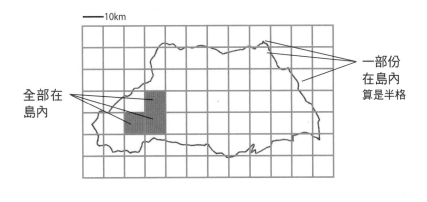

一部份
在島內
算是半格

全部在
島內

這也是窮盡法
的一種喔。

只要仔細數
就可以。

這個形狀
好像在哪
裡看過？

我們將之簡化，視為半格，因此共有19格。

以這種方式計算數學島上的格子數量，結果①為21個、
②為38個，所以，

　　21＋38÷2＝21＋19＝40

由於1格為10km × 10km ＝ 100 km^2，因此面積是，

　　$40 \times 100 \text{ km}^2 = 4000 \text{ km}^2$

相信一定有完美主義者，會覺得這種方法「太隨便了！」
但是有些時候求解答，寧願快而不要慢。工作也一樣，若慢吞
吞地進行，有時機會就溜走了。再重申一次，這個題並不需要
縝密的計算。

7-2 數學島的真正面積

在前一節中，我們思考如何計算數學島的面積，是以數方格的辦法。方格本來就是粗略的東西，所以覺得算出來的數字很「隨便」。但我們想要試著更接近真正的面積。

因此，不妨將格子縮小。跟前一節的方法一樣，將格子分成面積全部包含在島中的格子①，和②即使碰到島的線條只有一點點也要算的格子，計算的原則並不改變。

在前一節中，①為21個、②為38個，因此面積為，

$$(21 + 38 \div 2) \times 100 \ km^2 = 4000 \ km^2$$

現在請看次頁中圖，如圖所示，將所有的格子屬出來，結果①為113個，②為78個，由於每一格邊長為5km，是面積為25km^{2}的正方形，因此面積為，

$$(113 + 78 \div 2) \times 25 \ km^2 = 3800 \ km^2$$

現在請看次頁下圖，如圖所示，雖然比較不容易計算方格數量，但可以得到，①530個，②164個。這圖中每一格分得更小，變成邊長為2.5km的正方形，所以一格的面積就是6.25 km^2。由此可算得面積為，

$$(530 + 164 \div 2) \times 6.25 \ km^2 = 3825 \ km^2$$

我們試著進行了三次的計算，在重複計算的過程中，感覺似乎愈來愈接近數學島真正的面積了。將格子變得愈來愈小、愈來愈小，誤差也隨之減少，因而「接近真正的面積」。

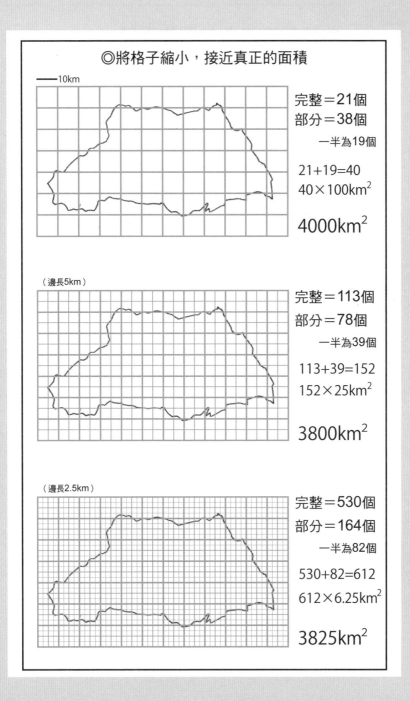

◎將格子縮小，接近真正的面積

―――10km

完整＝21個
部分＝38個
　　　一半為19個

21＋19＝40
40×100km^2

4000km^2

（邊長5km）

完整＝113個
部分＝78個
　　　一半為39個

113＋39＝152
152×25km^2

3800km^2

（邊長2.5km）

完整＝530個
部分＝164個
　　　一半為82個

530＋82＝612
612×6.25km^2

3825km^2

7-3 曲線和直線所包圍的面積

　　讀到這裡，出現了「積分」，相信大家一定都嚇了一跳吧。

　　在圖形的領域裡，面積和體積都是非常重要的計算圖形，而積分可以很方便地處理面積和體積的問題。

　　從積分思考，可以產生出許多對圖形面積及體積的新看法。

　　雖然我們已經知道三角形及四邊形等多角形面積的求法，但是「由曲線及直線所圍成的面積」，或是「由曲線所圍成的面積」該如何求得呢？

　　我們可以運用前面學過的7－1、7－2，用正方形的格子來接近面積這個方法。大格子比較容易計算，但大格子的缺點就是比較不接近正確的面積。所以我們將格子縮得愈來愈小，使得方格的計算也愈來愈困難。

　　在現實生活中，有很多情況會遇到「河川及道路圍成的土地面積」這種情況，所以如果能知道求取曲線面積的方法，就會很方便。如果用的是近似梯形的方法，在計算上也並不方便。

　　積分是一種很重要的數學應用，是將面積以一小部分、一小部分加總起來的方法，只要知道圖形的「曲線 $y = f(x)$ 和 x 軸、y 軸」，就可以運用積分來求出面積。

　　只要熟練求取面積的方法，相對就可以延伸求出體積，接下來我們會一步步告訴大家，怎麼用積分來求體積。

7-4 用積分算「區間」面積

　　積分是「求出曲線 $y = f(x)$ 和 x 軸、y 軸圍成的面積」的工具，但並非只能用來求整體的面積，以一大塊土地面積來說，若A先生擁有其中地號1～3，B先生擁有4～7號，C先生擁有8～9號，也可以用積分來分別求得每個人所擁有的土地面積。

　　已知有一定區間的積分，稱為「定積分」（若不指定區間，則稱為「不定積分」）。定積分的求法，是用「整體面積－不要部分的面積」。

　　例如要求 $x=a$ 到 $x=b$ 之間的區間，面積 S，

$$S = S(b) - S(a) \cdots\cdots ①$$

　　積分的公式，是德國的萊布尼茲（Gottfried Wilhelm Leibniz，1646～1716年）所發明，符號為「Integral」。

$$S = \int_a^b f(x)dx \ \cdots\cdots ②$$

　　②式的意思是指「在函數 $f(x)$ 和 x 軸之間所圍成的區域中，求出區間（a, b）面積」，式子的念法為「從 a 到 b，f of ×，d×的積分」。

　　微積分是由萊布尼茲與牛頓（1642～1727年，英國科學家）所發現的，萊布尼茲的標記法，廣泛使用在微分和積分中。

7-5 用積分計算 x^n

　　在本書中完全不會談到微分，只有用到積分來計算面積及體積。微分與積分原本就是一體兩面，互為逆運算。在此先加以簡單統整、說明微分與積分的關係。

　　微分與積分，如次頁漫畫所說，微分後「$x^2 \to 2x$」，相反的，積分後就變成「$2x \to x^2$」，兩者關係就像這樣。

x^2 微分後　　　　　　→　　變成 $2x$

$2x$ 積分後　　　　　　→　　變成 x^2

將微分寫為公式，即，

$$\left(x^n\right)' = nx^{n-1}$$

在這裡的「'」就是微分的符號。而積分的公式為：

$$x^n \text{的積分} \longrightarrow \frac{x^{n+1}}{n+1}$$

因此，定積分的公式為：

$$\int_a^b x^n \, dx = \left[\frac{x^{n+1}}{n+1}\right]_a^b$$

等式右邊上下的小字 ab 表示區間，也就是將代入 b 的式子，與代入 a 的式子相減，就能求出區間面積。

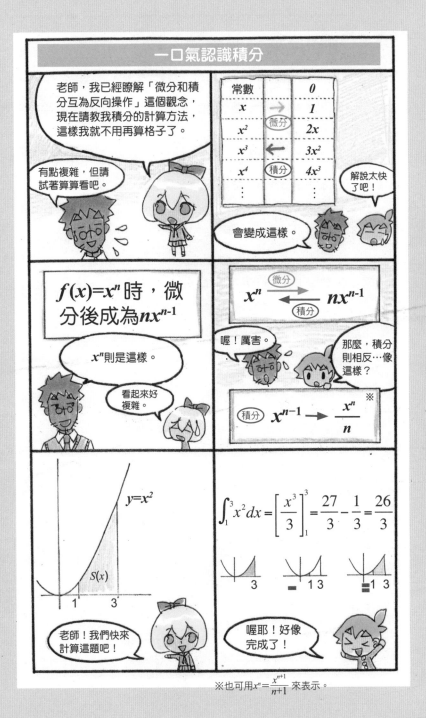

※也可用 $x^n = \dfrac{x^{n+1}}{n+1}$ 來表示。

7-6 用切片來計算體積

使用積分來求面積，這件事，到底是從怎樣的想法中衍生出來的呢？

在開始進行解決問題之前，我們先來掌握一些概念。在這節中，我們將要求出「迴轉物體」的體積。

現在，請想像有一個球體狀的東西，如次頁圖中的紅色球體。若將此球體沿 x 軸，切成無數薄片，這就像是微分，就好像是將馬鈴薯切成無數的馬鈴薯片一樣。

將馬鈴薯切成許多薄片（微分），會形成一個個「剖面積」，如果反過來「將這剖面積收集起來（積分），就可以求出馬鈴薯的體積。」

由於「把剖面積積分，就能得到體積」，所以將球體的體積用算式表示成，

$$V = \int_c^d S(x)\,dx \qquad （S(x)是在x軸的剖面積）$$

在醫療上經常可見的CT掃描或MRI斷層攝影裝置，可以看到人體各部份的斷層照片（微分），如果將這些斷層照片集合起來（積分），就可以組成人體影像。

這就是微分和積分的概念，接下來，一起用積分來求迴轉物體的體積吧。

用電腦斷層掃描認識積分

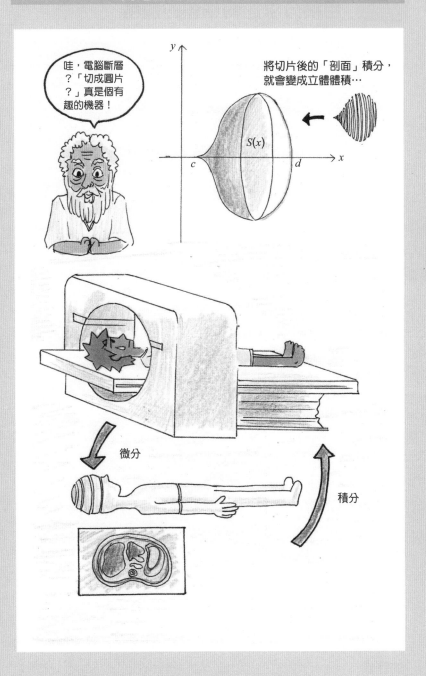

用積分求迴轉物體的體積

問題　右方立體為 $f(x)$ = x + 3 與 x 軸圍成的部分，並在 x 軸迴轉所形成。試求 x = 0～6 範圍時此立體的體積。

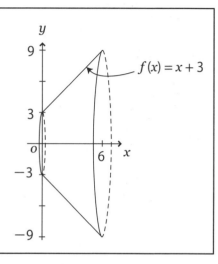

$f(x) = x + 3$

　　圖中是一個「圓錐平台」的立體物。現在將 $f(x) = x + 3$ 沿 x 軸迴轉一圈，剖面積變成圓形。由於半徑為（$x+3$），在 x 點上的剖面積如下所示，

$$S(x) = \pi(x + 3)^2$$

　　將這個 $S(x)$ 在 x = 0～6 的區間積分，可以求出其體積（解法以次頁最下方的算法較為簡單）。

$$\int_0^6 \pi(x+3)^2 dx = \pi\left[\frac{x^3}{3} + \frac{6x^2}{2} + 9x\right]_0^6 = \pi(234 - 0) = 234\pi$$

　　因上式會變成 $(x+3)^2 = x^2 + 6x + 9$，代入底下的公式就能計算出來：

$$x^n \Rightarrow \frac{x^{n+1}}{n+1}$$

　　根據這個方法，只要知道剖面積，就能輕易求出迴轉物體的體積。

◎將剖面積積分，可求出「迴轉物體的體積」

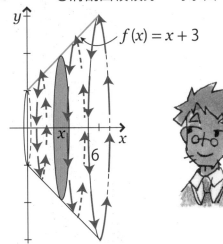

$f(x) = x + 3$

首先，把區域內的 $f(x) = x+3$ 沿 x 軸迴轉一圈。

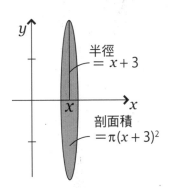

半徑 $= x + 3$

剖面積 $= \pi(x + 3)^2$

接著要求出剖面積。由於半徑是 $(x+3)$，所以剖面積為 $\pi r^2 = \pi(x+3)^2$

$$\int_0^6 \pi(x + 3)^2 \, dx$$

將剖面積積分，就可求出想要的體積！

將 $(x+3) = t$，可簡化計算。

$$\int_0^6 \pi(x + 3)^2 \, dx = \int_3^9 \pi t^2 \, dt = \pi \left[\frac{t^3}{3} \right]_3^9$$

問題　試求方程式 $f(x)=2x^3$ $+x^2-3x+2$ 和 x 軸圍成的部分，$-1\le x \le 1$，求繞 x 軸迴轉一圈後所形成的立體體積。

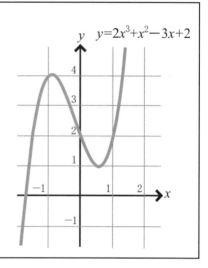

　　要求迴轉物體的體積，可依照①求出剖面積，②積分這兩個步驟，就可以依序求出。

　　首先，在 $-1\le x \le 1$ 的範圍中，將方程式 $f(x)=2x^3+x^2-3x+2$ 繞著 x 軸迴轉，則成如下圖所示。

　　乍看之下，想要求出這個複雜的迴轉物體體積，感覺非常困難，但是只要依照計算的步驟，首先用①求出剖面積。迴轉物體的剖面積是圓形，因此在 x 軸上的半徑為，

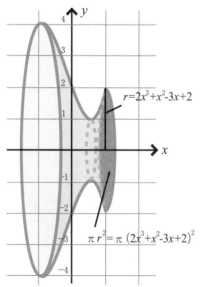

$$2x^3+x^2-3x+2$$

因此剖面積為，

$$S=\pi r^2$$

$$=\pi (2x^3+x^2-3x+2)^2$$

故體積為，

174

$$\int_{-1}^{1} \pi \left(2x^3 + x^2 - 3x + 2 \right)^2 dx$$

$$= \pi \left[\frac{4x^7}{7} + \frac{4x^6}{6} - \frac{11x^5}{5} + \frac{2x^4}{4} + \frac{13x^3}{3} - \frac{12x^2}{2} + \frac{4x}{1} \right]_{-1}^{1}$$

$$= 13 \frac{43}{105} \pi$$

問題　試求右圖中方程式 $f(x) = x^2$ 與 y 軸圍成的部分，若沿 y 軸迴轉一圈，形成體積為何？
$0 \leqq y \leqq 3$。

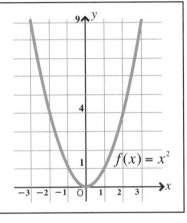

我們前面做的題目都是沿 x 軸迴轉，這次換成沿 y 軸迴轉，並且須在 $0 \leqq y \leqq 3$的範圍內積分。由 $y = x^2$，即 $x = \sqrt{y}$，所以高度 y 時，半徑為 $\pi r^2 = \pi \sqrt{y}^2 = \pi y \cdots$，所以體積就是

$$\int_{0}^{3} \pi y\, dy = \pi \left[\frac{y^2}{2} \right]_{0}^{3} = \frac{9}{2} \pi \quad （要注意是 dx 而非 dy）$$

7-8 證明圓錐體積「恰好是圓柱的 $\frac{1}{3}$」

在第5章裡，我們用幾何來證明「三角錐的體積是三角柱的 $\frac{1}{3}$」。若是圓錐和圓柱的情形，又如何呢？

事實上，若用積分來思考這個問題，就能夠輕鬆地解出來喔。我們在前一節中看到，迴轉物體可用簡單的積分運算法來解題。

問題　請以 $y=x$ 和 x 軸圍成的部分，沿 x 軸迴轉一圈後形成的立體體積，來證明「圓錐：圓柱＝1：3」。

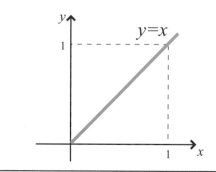

相信大家已經對迴轉物體的體積很有把握了，所以這個問題裡的 $y=x$ 應該也難不倒你。

將 $y=x$ 迴轉，會出現一個圓錐，圓錐的體積可藉由將剖面積 πr^2 積分後求出，範圍為 $0 \leq x \leq r$，

$$ 圓錐體積 = \int_0^r \pi x^2 dx = \pi \left[\frac{x^3}{3} \right]_0^r = \frac{r^3}{3}\pi \cdots\cdots ① $$

題目是要證明「圓錐：圓柱＝1：3」，所以我們要接著思考相同高度的圓柱體積。

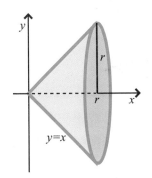
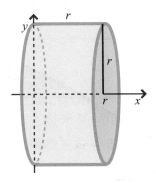

圓椎體：圓柱體＝1：3

由於底面的半徑在 $x=r$ 時為r，所以

底面積$= \pi r^2$

因為在這裡高度為r，圓柱體的體積為

圓柱體積$= \pi r^3 \cdots\cdots②$

由①與②可得，

圓椎體的體積：圓柱體的體積$= \dfrac{r^3}{3}\pi : \pi r^3 = 1:3$

不僅如三角錐和三角柱的多角形比例為「1：3」，圓錐和圓柱之間的體積比例也是「1：3」。從小學開始，為了這些「三分之一之謎」而困擾的人一定很多，現在我們已經將這個謎題解開了。

此外，以正 n 角形為底面的角錐是，

$$\frac{底面積 \times 高}{3}$$

因此，假設 $n \to \infty$，表示圓錐會成為 $\dfrac{1}{3}$。

牛頓是
「最後的蘇美人」？

　　牛頓和阿基米德、高斯，同為「世界數學史的三大巨人」。當牛頓在劍橋大學唸書時，主修數學與物理，但沒有什麼特殊表現。

　　後來黑死病的蔓延，卻使得牛頓走向了數學研究一途。1665～1666年，黑死病在英國出現大流行，劍橋大學也因此封校兩年。

　　在這期間，牛頓回到了故鄉烏爾索普村，看似兩年平淡的鄉間生活，但實際上卻建立起牛頓在無限級數、微積分及光學領域的基礎。如牛頓所言，「這兩年是我的巔峰時期，是我最能專心致力在數學及哲學領域的時期。」

　　在科學研究中具有偉大貢獻的牛頓，在他死後300年，揭開了令人意想不到的另一面。1696年他離開劍橋大學時，將自己的論文及書稿整理到箱子裡，送給他的姪子，此箱在二十世紀之後，再次回到劍橋大學，並由經濟學家約翰‧凱因斯（John Maynard Keynes）代為保管。

　　凱因斯讀了箱子裡的資料，他說：「牛頓並不是理性時代的第一人。他是最後一位魔法師，最後的巴比倫人和蘇美人，最後一個醉心於可見與智性底世界的偉大心智，和那些打造了我們近一萬年來智性上遺產的人們有著相同的目光。」在實際生活中，牛頓花了很多時間進行煉金術的研究，關於他一些不合理的行動，都記錄在這些文件中。

第8章

不可思議的「幾何宇宙」

8-1 拓樸學是橡膠幾何學

除了圓或多邊型等我們熟知的幾何學，另外還有一些獨特的幾何學，例如「**拓樸學**」（位相幾何學）。

問題　請將以下圖形加以分類。

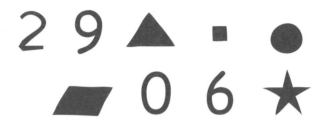

這一題的圖形中還有數字，分類法有許多種，例如，有沒有曲線，圖的大小等等。假想一下，如果這些圖形和數字是由橡皮筋、黏土等可以自由伸縮的素材所製成，會如何呢？若是如此，則三角形可以伸展成圓形，星星可以拉成四角形，所以三角形和星星圖形可以說是相同的，稱為「同胚」。在拓樸學中，圖形中沒有洞的圖形數字，例如「2」或圓，是沒有辦法變成有洞的6或0，因此，可以將0、9、6這些有洞的圖分成一組，而8因為有兩個洞，又獨立為另一組。

立體圖形也一樣。如果要將這些圖形做成立體狀，例如球體，是可以做到的，但拓樸學不能將球體變成像甜甜圈一般有洞的物體。

如此可見，從拓樸學來審視圖形，可以帶給世界新的觀點。拓樸學又稱為「**橡膠幾何學**」。

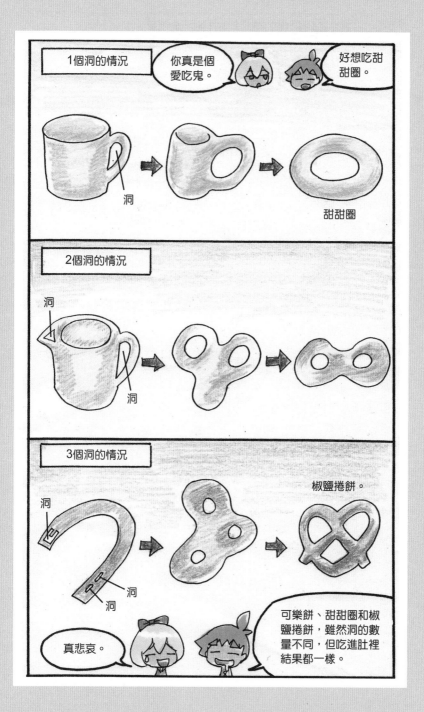

8-2 變形地圖是「切進本質」的拓撲學發想

「『橡膠幾何』究竟能發揮什麼作用呢？」關於拓撲學的功用，經常有人會提出這種質疑，答案想必是「更容易切進本質」。例如前面所提過的「圓形和正方形是相同的」或「可樂餅與甜甜圈不同」這樣的分別，與「以邊來區分」、「以連接點或洞的數量來區分」等方式，比較起來，可說是更聚焦於圖形「本質」的思考方式。

請比較次頁兩個地圖。上方變形圖是將日本地鐵乘客所需的情報整理過後，重新繪製成一個簡潔的地圖，可依照繪圖尺寸調整變更。與下方實際的地圖比較起來，可看出原圖需要較長的尺寸才能繪製。

對於乘客來說，**重點在於瞭解地鐵的連接站（轉乘站）**，為了這個目的，路線的長度、緯度、經度等要素，成為「不需要的情報」而排除。

當然，對於想要知道東京地形或地勢的人來說，東京高地與低地的地圖非常有用。旅遊地圖上一般只會標示名勝古蹟，其他都被省略，所以淺顯易懂。藉由省略的方式，可使重要的事物得到聚焦。

在拓撲學的世界裡，無論方向、角度或長度，都不具有任何意義。經過變形，可以聚焦在圖形本身所具有的本質，因此能夠快速解決問題。下頁將舉一著名事例加以說明。

變形地圖

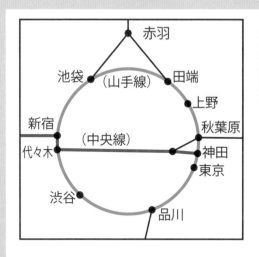

經過變形的地圖，變得很簡潔，轉接站看得很清楚。

這是一張正確的地圖，反而令人很難懂。

8-3 以「一筆畫發想」解開艱深問題

　　點與線的連結，這個特點是拓樸學的本質，令人聯想到數學家歐拉（1707～1783年）的「歐拉路徑」（Euler path）。

　　當年歐拉拜訪普魯士的柯尼斯堡時，挑戰了「有七座橋連結了柯尼斯堡的普格河兩岸，在渡河時，如何能每座橋各只經過一次（不能經過同一座橋兩次）」這個難題。

　　次頁上圖為普格河流經柯尼斯堡的情形，將「橋」變形為「點與線」簡化之後，可以如下頁圖變成「一筆畫」的問題。柯尼斯堡七座橋的問題為一個經典數學題，想必讀者有人已經知道答案了吧，但這裡的問題在於「如何思考」。

　　一筆畫在什麼時候可行，又在什麼時候不可行呢？

　　次頁下方的簡化圖中有四個點，除了出發點與終點（最多兩個），其他點的特徵為「進入後只能出去」，因此路徑應為「偶數條道路」。

　　但是，由於普格河的四個點全為奇數道路，所以一般的結論是，這個問題絕對不可能解決。但是歐拉卻能瞬間解開這道難題，這是因為他先將上圖的複雜地圖，轉換成下面的簡圖。所以我們知道，若能善加簡化圖形，就容易切入問題的本質。

七座橋問題

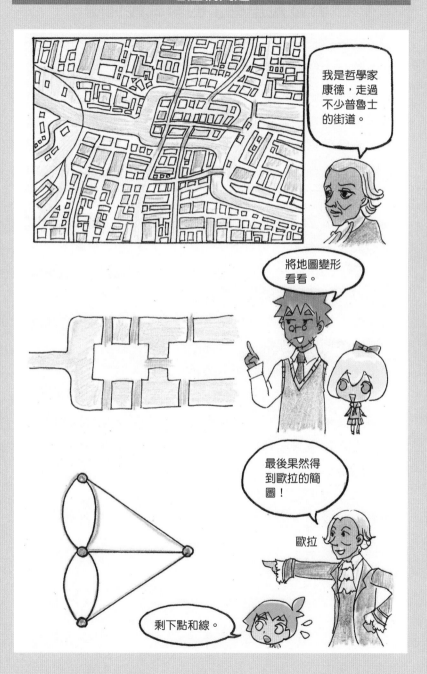

我是哲學家康德，走過不少普魯士的街道。

將地圖變形看看。

最後果然得到歐拉的簡圖！

歐拉

剩下點和線。

8-4 「非歐幾里德」的新式幾何學

　　「幾何學」雖是一個簡單的名詞，卻可以分成兩大類。三角形的內角和=180°或圓柱為圓錐的體積的三倍，這些一般性的幾何學，是奠基於古代希臘數學家歐幾里得所創造的基礎，稱為「歐幾里得幾何學」。

　　歐幾里得幾何學是建立在「平行線不相交」等五個公理和公設之上，公認為正確（無證明必要）。

　　的確，我們身處在一個平面無限持續的世界，所以認為「平行線不相交」，但即便是這個地球，雖然看起來是平面的，實際上卻是曲面。例如，我們知道所有經線與赤道皆呈直角，所以我們會認為經線之間皆為平行線，但是，由於經線會交集在北極點和南極點，可見這些經線並非真正是平行的，所以我們可說地球表面是「平行線不存在的世界」。

　　但是，經線與赤道底端兩邊相交的角，與南北極之間所呈的「三角形」，由於兩角為直角，因此「內角和＞180°」，在現實生活中，我們竟然可以發現與幾何學完全相悖的情形，表示這世界存在著與歐幾里得幾何學相異的另一類幾何學，稱為「非歐幾里得幾何學」。

　　在非歐幾里得幾何學中，還有一個不同的情形，在「存在有無數平行線的世界」裡，「三角形的內角和＜180°」。

　　像這樣否定了歐幾里得的「平行線公理」，結果出現了新的幾何學。

拒絕菲爾茲獎與一百萬美元的數學家
（註）

　　「宇宙是怎樣的形狀？」由於以前人類無法到宇宙外去看「宇宙的形狀」，因此數學家以「**龐加萊猜想**」（Poincare conjecture）來思考這件事。相隔100年之後，一位俄羅斯的數學家佩雷爾曼，在1966年勇於挑戰並解決了龐加萊猜想。

　　人類在無法從地球之外觀察地球的時代，就知道地球是「圓」的。看著在大海運行的船，從最下部的船艙漸漸消失，直到最高的船桅消失為止。相反地，當船駛回時，從水平線上一開始會看到船桅，最後才看到船艙。也就是說，眺望水平線，就可以知道水平線處是圓的。現在人類已進入太空，可以從宇宙眺望地球，得到確認。

　　那麼，**宇宙究竟是什麼形狀呢**？這個問題恐怕相當困難，除非到了未來22世紀，人類能夠穿梭宇宙，「眺望宇宙」。但是，既然人類在地球上就可以推想出銀河系的形狀，難道沒有辦法推想出宇宙的形狀嗎？

　　龐加萊猜想被視為是宇宙形狀的解答。法國的數學家龐加萊（1854年～1912年）想到「以一根繩子探知宇宙的形狀」這個辦法。

　　如果讓繩子繞地球一周，可以將繩子沿著地球表面拉回，就可以證明「地球是圓的」。但如果地球是甜甜圈型，繩子就會掉進空洞裡。如果繩子無法沿地球表面拉回，表示地球「不是圓的」（甜甜圈型）。

（註：菲爾茲獎Fields Medal是數學界的諾貝爾獎。）

在地球上，是否有辦法可以得知「地球的形狀」？

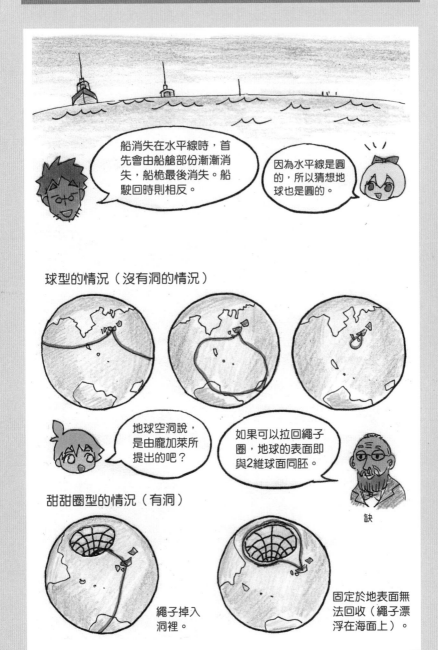

同樣地，我們可以這樣思考：將一條繩子投入宇宙，繞行宇宙一周後，在地球上拉回繩子時，如果可以拉回，就表示「宇宙是圓的」，若無法拉回則「非圓」（如有洞的甜甜圈型等），這在2維的曲面是成立的，而在3維也成立。

　　與圓錐、圓柱和球等等形狀相比，龐加萊想出一個不同的幾何學分類，在這個分類中，重點在於「**一圖形中有幾個洞**」，球或立方體的洞為0，甜甜圈型的洞為1個，眼鏡型的洞為2個……，這就是為什麼龐加萊被稱為「拓撲學（相位幾何學）的創始者」。

　　100多年以前，「龐加萊猜想」看似簡單，卻沒人能解開，也無法用提升維度再降維度的方式來解謎。就這樣，在龐加萊猜想提出之後，過了100多年，到了西元2006年，終於畫下了休止符。

　　俄羅斯數學家**佩雷爾曼**（Grisha Perelman）發表了證明：「宇宙若可回收繩子，則是圓的，不能回收，則為8個形狀（甜甜圈型等）複合體之一」。這個證明不是發表在學會刊物上，而是公開在人人看得到的網路上。

　　2006年8月，專門授獎予具有特別貢獻的數學家（40歲以下）——菲爾茲獎，在西班牙舉行，但佩雷爾曼並未現身，他拒絕接受獎項，也拒絕了獎金一百萬美元。

　　雖然有許多傳言臆測佩雷爾曼的消失，但人們依然仍期望他能早日出現，繼續挑戰新的數學難題。

宇宙的形狀？龐加萊猜想的答案？

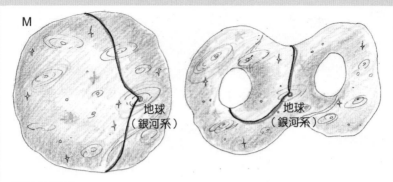

龐加萊猜想

「單連通3維封閉多樣體 M 與3維球面 S^3 同胚
（ $\pi_1(M)=0 \Rightarrow M \approx S^3$ ）」

※ ≈代表「同胚」。

arXiv:math/0211159v1 [math.DG] 11 Nov 2002

The entropy formula for the Ricci flow and its geometric applications

Grisha Perelman[*]

February 1, 2008

Introduction

1. The Ricci flow equation, introduced by Richard Hamilton [H 1], is the evolution equation $\frac{d}{dt}g_{ij}(t) = -2R_{ij}$ for a riemannian metric $g_{ij}(t)$. In his seminal paper, Hamilton proved that this equation has a unique solution for a short time for an arbitrary (smooth) metric on a closed manifold. The evolution equation for the metric tensor implies the evolution equation for the curvature tensor of the form $Rm_t = \triangle Rm + Q$, where Q is a certain quadratic expression of the curvatures. In particular, the scalar curvature R satisfies $R_t = \triangle R + 2|\text{Ric}|^2$, so by the maximum principle its minimum is non-decreasing along the flow. By developing a maximum principle for tensors, Hamilton [H 1,H 2] proved that Ricci flow preserves the positivity of the Ricci tensor in dimension three and of the curvature operator in all dimensions; moreover, the eigenvalues of the Ricci tensor in dimension three and of the curvature operator in dimension four are getting pinched point-wisely as the curvature is getting large. This observation allowed him to prove the convergence results: the evolving metrics (on a closed manifold) of positive Ricci curvature in dimension three, or positive curvature operator

[*]St.Petersburg branch of Steklov Mathematical Institute, Fontanka 27, St.Petersburg 191011, Russia. Email: perelman@pdmi.ras.ru or perelman@math.sunysb.edu ; I was partially supported by personal savings accumulated during my visits to the Courant Institute in the Fall of 1992, to the SUNY at Stony Brook in the Spring of 1993, and to the UC at Berkeley as a Miller Fellow in 1993-95. I'd like to thank everyone who worked to make those opportunities available to me.

1

佩雷爾曼在網路上所公開的龐加萊猜想證明，人人可讀。
（來源http://arxiv.org/pdf/math/0211159v1）

8-6 碎形為「自我相似」的幾何學

　　一提到「數學」，大多數人都會有「鉛筆一支、紙一張就能進行的思考科學」這樣的想像，但有時則需要電腦的幫助，才能達到效果，例如「碎形」。

　　碎形的意思是「一個粗糙或零碎的幾何形狀，可以分成數個部分，且每一部分都（至少近似地）是整體縮小後的形狀」，也就是自我相似的圖形。普通的幾何學，多半是用以處理三角形、圓、圓錐等形狀，或曲線圍成的面積等。

　　但是碎形完全不同，諸如羊齒蕨的葉脈、河川的蛇形、山脈的蜿蜒等自然界的型態，都可以根據碎形理論來呈現（模擬）。

　　在次頁碎形基礎的**科赫曲線**中，可以發現，圖形整體的形狀，與其放大一部分的形狀「完全一致」。

　　皮亞諾曲線在1910年代數學家之間廣為流傳，是一種可填滿正方形的曲線。在傳統幾何學概念中，曲線的維度是1維，正方形是2維，要將1維的線填滿2維平面，這是不可能的事，但皮亞諾曲線卻做到了。

　　右圖填充在綠色三角形中的**謝爾賓斯基三角形**，由上而下，循序在正三角形中再接連分割出四個正三角形，正中間的部分則保持空白，如此不斷分割，形成一個自我相似圖形。

　　在電腦發明之後，碎形的世界在藝術及科學技術的應用領域也逐漸擴大。

局部或放大皆相同的「碎形圖形」

科赫曲線

謝爾賓斯基
三角形

將部分放大，發
現與整體相同

8-7 計算碎形維度

　　碎形在數學中具有「不可思議的維度」，「線」為1維、「面」為2維、「立體」為3維，都是「整數」的維度，但碎形卻可以是1.56維度、2.33維度等非整數。

　　就讓我們一邊看圖，一邊實際思考吧！現在如右頁有①直線（1維）②正方形（2維）③立方體（3維），請試著思考圖形的相似形。例如，將各圖的每個邊二等分後，會發現，①～③的相似圖形①為2個、②為4個、③為8個。

　　我們將圖形的相似形，依序以 2^1、2^2、2^3 來表示，指數就代表維度。於是，我們將圖型 p 等分（$\frac{1}{p}$）時，會出現 q 個相似圖形，可求得維度為 D，即：

$$D = \frac{\log q}{\log p} \quad （p \text{ 等分後，得到 } q \text{ 個相似圖形}）$$

　　例如196頁的科赫曲線三等分（$p=3$）後，得到四個自我相似圖形（$q=4$），根據此計算方法，維度是1.2168。

$$D = \frac{\log 4}{\log 3} = \frac{2\log 2}{\log 3} = \frac{2 \times 0.30103}{0.47712} \fallingdotseq 1.2618\cdots$$

　　以這樣的方式，我們可以將謝爾賓斯基三角形，表示為邊長二等分（$p=2$），出現三個相似圖形（$q=3$），

$$D = \frac{\log 3}{\log 2} = \frac{0.47712}{0.30103} \fallingdotseq 1.5849\cdots$$

所以維度是1.5849。

碎形維度就是「指數」

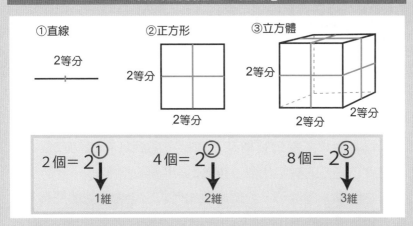

①直線

2等分

②正方形

2等分

2等分

③立方體

2等分

2等分

2等分

2個＝2①　→　1維

4個＝2②　→　2維

8個＝2③　→　3維

曼德博集合圖形的放大

※自我相似的碎形圖形

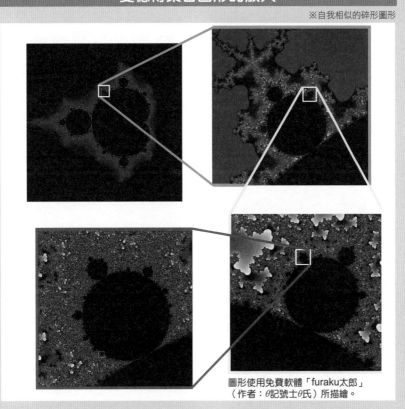

圖形使用免費軟體「furaku太郎」
（作者：θ記號士θ氏）所描繪。

8-8 測量亞馬遜河及尼羅河碎形維度的方法

碎形維度，根據維度概念，不只是研究科赫曲線這種人工圖形，也包括難以定量化的山的稜線、河川的分支、樹木的枝幹等自然形態。

科赫曲線或謝爾賓斯基三角形，由於具有1維與2維之間的維度，它們的數字代表「覆蓋2維平面的程度」。

在此舉一個例子，我們應該如何求出亞馬遜河與尼羅河這些「自然界中的河川」的碎形維度呢？一起來看看。

首先，請準備一張方格紙，我們便以科赫曲線來說明吧！

如右頁，最初在①的正方形（size1）中，畫上科赫曲線，數一數科赫曲線包圍的正方形有幾個。接著②的正方形大小為①的 $\frac{1}{3}$（切割為9個），也同樣數出曲線所包圍的正方形。然後，③的正方形大小為②的 $\frac{1}{3}$（切割為27個），也同樣數出曲線所包圍的正方形。重覆此步驟，將④切割為81份，將⑤切割為243份。我們可以利用156頁數學島中所使用的方法。

於是，結果如下。

邊長的倒數	3	9	27	81
正方形的數目	3	15	59	240

「從圖測量」指數的方法

① 邊長=1的正方形

② 邊長縮小為 $\frac{1}{3}$ 的正方形

方格漸漸變小了，還可以再變小嗎？

③ 邊長再縮小為 $\frac{1}{3}$ 的正方形

這邊已經超出極限了，但曲線形狀不變。

接著我們製作對數圖形，橫軸是邊長的倒數，縱軸為正方形個數。

如下圖，邊長的倒數與正方形個數的比例幾乎呈一直線。求得這條直線的斜率，約為1.3，與198頁科赫曲線中所計算的1.26相近，可知「用圖表可求出碎形維度」。

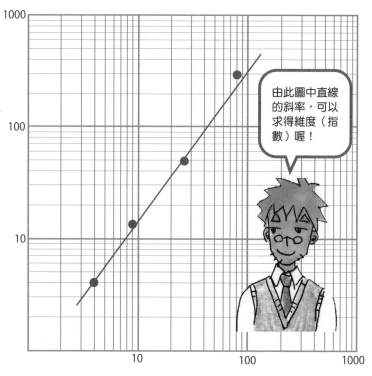

由此圖中直線的斜率，可以求得維度（指數）喔！

自然界的亞馬遜河和尼羅河的碎形維度，雖然無法計算，但可以藉此方法接近。次頁表示地圖上的河川，可知亞馬遜河的蜿蜒為1.85維度，尼羅河為1.4維度。

測量亞馬遜河、尼羅河的碎形維度

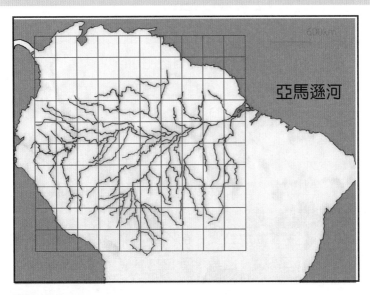

亞馬遜河

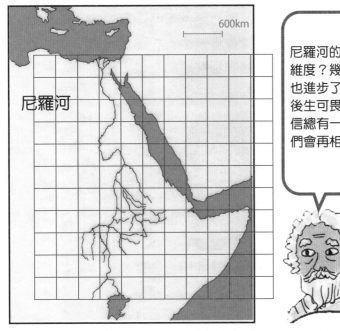

尼羅河

600km

尼羅河的碎形維度？幾何學也進步了呢，後生可畏，相信總有一天我們會再相見！

歐拉寫給公主的信──「幾何學中的帝王之路」

　　萊昂哈德·歐拉（Leonhard Euler，又譯「尤拉」1707年～1783年）是出生在瑞士巴塞爾的萬能數學家，認為可與三大數學家（阿基米德、牛頓、高斯）匹敵，具有極高評價。他的論文數量多得驚人，生前發表超過500篇，死後還有400篇。因此，雖然他已經逝世超過120年，但目前《歐拉全集》（超過70卷）還是處於尚未完成的狀態。

　　歐拉或許因歐拉公式（$e^{\pi i} = -1$）而家戶喻曉，是一個歷史數學難題，但其實歐拉也具有「將複雜困難的事物簡化」的能力。最有名的是他教授弗雷德里克親王的姪女──德紹公主，學習幾何學時所寫的信──《致德國公主書簡集》。該書發表後，在歐洲獲得很高的評價，公認為是一本「最容易理解的數學入門書」，在歐拉的著作中，這是最廣為人知的一本書。

　　歐拉的命運卻很悲慘，他因火災而失去財產，失去最愛的妻子，喪失視力，眼睛手術失敗……；他遭受命運的捉弄，卻也戰勝了命運。就算雙眼的視力幾乎喪失，他以驚人的記憶力、心算能力，以及默記長篇數學論證的能力，由孩子們從旁協助記錄，使得他依然能夠得到許多研究成果。

　　就這樣，直到1783年9月13日去世為止，歐拉從未停止研究數學。

索　引

國家圖書館出版品預行編目資料

3 小時讀通幾何 / 岡部恒治, 本丸諒作；雲譯工
作室譯. -- 初版. -- 新北市：世茂, 2013.07
　　面；　公分. --（科學視界；159）

ISBN 978-986-6097-92-8（平裝）

1. 幾何

316　　　　　　　　　　　　102007065

科學視界 159

3 小時讀通幾何

作　　者／岡部恒治　本丸諒
譯　　者／雲譯工作室
主　　編／簡玉芬
責任編輯／陳文君
出 版 者／世茂出版有限公司
負 責 人／簡泰雄
地　　址／（231）新北市新店區民生路 19 號 5 樓
電　　話／（02）2218-3277
傳　　真／（02）2218-3239（訂書專線）
　　　　　（02）2218-7539
劃撥帳號／19911841
戶　　名／世茂出版有限公司　單次郵購總金額未滿 500 元（含），請加 50 元掛號費
酷 書 網／www.coolbooks.com.tw
排版製版／辰皓國際出版製作有限公司
印　　刷／祥新印刷股份有限公司
初版一刷／2013 年 7 月
　　五刷／2018 年 8 月

ISBN ／ 978-986-6097-92-8
定　　價／260 元

Manga de Wakaru Kika
Copyright © 2011 Tsuneharu Okabe, Ryo Honmaru
Chinese translation rights in complex characters arranged with SOFTBANK Creative Corp., Tokyo
through Japan UNI Agency, Inc., Tokyo and Future View Technology Ltd., Taipei

讀者回函卡

感謝您購買本書，為了提供您更好的服務，歡迎填妥以下資料並寄回，
我們將定期寄給您最新書訊、優惠通知及活動消息。當然您也可以E-mail：
Service@coolbooks.com.tw，提供我們寶貴的建議。

您的資料（請以正楷填寫清楚）

購買書名：_____

姓名：_____ 生日：_____ 年 ____ 月 ____ 日

性別：□男 □女　E-mail：_____

住址：□□□_____縣市_____鄉鎮市區_____路街
　　　　_____段_____巷_____弄_____號_____樓

　　聯絡電話：_____

職業：□傳播 □資訊 □商 □工 □軍公教 □學生 □其他：_____

學歷：□碩士以上 □大學 □專科 □高中 □國中以下

購買地點：□書店 □網路書店 □便利商店 □量販店 □其他：_____

購買此書原因：____ ____ ____ ____ （請按優先順序填寫）
1封面設計　2價格　3內容　4親友介紹　5廣告宣傳　6其他：_____

本書評價：____ 封面設計 1非常滿意 2滿意　3普通　4應改進
　　　　____ 內　　容 1非常滿意 2滿意　3普通　4應改進
　　　　____ 編　　輯 1非常滿意 2滿意　3普通　4應改進
　　　　____ 校　　對 1非常滿意 2滿意　3普通　4應改進
　　　　____ 定　　價 1非常滿意 2滿意　3普通　4應改進

給我們的建議：_____
_____
_____

傳真：(02) 22187539
電話：(02) 22183277

世茂書香，傳真情意
出版精華，盡在回函

廣告回函
北區郵政管理局登記證
北台字第9702號
免貼郵票

231新北市新店區民生路19號5樓

世茂
世潮 出版有限公司 收
智富